浙江省普通高校"十三五"新形态教材

高等院校新工科建设规划教材系列

高等院校创新型人才培养推荐教材

U0680753

化学化工类
创新性项目化实验

Huaxue-huagong Lei
Chuangxinxing Xiangmuhua Shiyan

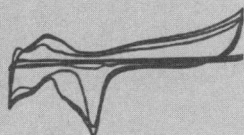

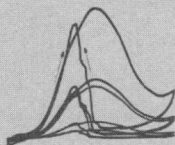

主编 金燕仙 余彬彬

ZHEJIANG UNIVERSITY PRESS
浙江大学出版社

图书在版编目(CIP)数据

化学化工类创新性项目化实验 / 金燕仙,余彬彬主编. —杭州：浙江大学出版社，2022.5
ISBN 978-7-308-22540-3

Ⅰ.①化… Ⅱ.①金… ②余… Ⅲ.①化学工业－化学实验－高等学校－教材 Ⅳ.①TQ016

中国版本图书馆 CIP 数据核字（2022）第 067156 号

化学化工类创新性项目化实验

主编　金燕仙　余彬彬

丛书策划	阮海潮(1020497465@qq.com)
责任编辑	阮海潮
责任校对	王元新
封面设计	周　灵
出版发行	浙江大学出版社
	（杭州市天目山路 148 号　邮政编码 310007)
	（网址：http://www.zjupress.com）
排　　版	浙江时代出版服务有限公司
印　　刷	杭州良诸印刷有限公司
开　　本	787mm×1092mm　1/16
印　　张	4.5
字　　数	101 千
版 印 次	2022 年 5 月第 1 版　2022 年 5 月第 1 次印刷
书　　号	ISBN 978-7-308-22540-3
定　　价	25.00 元

浙江大学出版社市场运营中心联系方式　（0571)88925591;http://zjdxcbs.tmall.com

化学化工类创新性项目化实验

编委会名单

序

  近年来,各高等院校为提高实验教学质量,以创建国家、省、市级实验教学中心为契机,以创新实验教学体系为突破口,努力探索构建实验教学和理论课程紧密衔接、理论运用与实践能力相互促进的实验教学体系,并取得了一定成效。为适应高等教育的发展,台州学院于 2004 年将原归属于医药化工学院的化学、制药、化工、材料类各基础实验室和专业实验室进行多学科合并重组,建立了校级制药化工实验教学中心。实验中心于 2007 年获得了省级实验教学示范中心建设立项,又于 2014 年获得了"十二五"省级实验教学示范中心重点建设项目。在新一轮的建设中,以新工科建设为导向,打破了"以学科知识"设置相应实验课程的传统构架,在"专业基础实验→专业技能实验→综合应用实验→创新研究实验"四个实验层次(第一条主线)的基础上,穿插了"项目开发实验→生产设计实验→质量监控实验→工程训练实验→EHS 管理实验"的实验教学体系(第二条主线),建立了"双螺旋"实验教学新体系。

  第一条主线的实验教学体系中,专业基础实验模块旨在使各专业学生通过基础实验来理解和掌握必备的基础理论知识和基本操作技能。专业技能实验模块旨在使各专业学生通过实验来理解和掌握必备的专业理论知识和实验技能,然后在此基础上提升学生的专业基本技能。综合应用实验模块旨在使各专业学生在教师的指导和帮助下能自主地运用多学科知识来设计实验方案、完成实验内容、科学表征实验结果,进一步提高综合应用能力。创新研究实验模块旨在提高其综合应用能力和科学研究能力,着重培养学生创新创业的意识和能力。

  第二条主线的实验教学体系增设面向企业新产品、新技术、新工艺开发以及高效生产、有效管理等的实验项目。项目开发实验、生产设计实验和工程训练实验旨在培养各专业学生运用已获得的实验技术和手段去解决工程实际问题,强化专业技能与工程实践的结合,突出创新创业能力和工程实践能力的培养。质量监控实验和EHS管理实验旨在通过专业技能与岗位职业技能的深度融合,培养各专业学生职业综合能力。

上述构建的实验教学体系经过几年的教学实践已取得了初步成效。为此,在浙江大学出版社的支持下,我们组织编写了这套适合高等教育本科院校化学、化学工程与工艺、制药工程、环境工程、生物工程、材料科学与工程、高分子材料与工程、精细化学品生产技术和科学教育等专业使用的系列实验教材。

本系列实验教材以国家教学指导委员会提出的《普通高等学校本科化学专业规范》中的"化学专业实验教学基本内容"为依据,按照应用型本科院校对人才素质和能力的培养要求,以培养应用型、创新型人才为目标,结合各专业特点,参阅相关教材及大多数高等院校的实验条件编写。编写时注重实验教材的独立性、系统性、逻辑性,力求将实验基本理论、基础知识和基本技能进行系统的整合,以利于构建全面、系统、完整、精练的实验课程教学体系和内容。在具体实验项目选择上除注意单元操作技术和安排部分综合实验外,更加注重实验在化工、制药、能源、材料、信息、环境及生命科学等领域的应用,以及与生产生活实际的结合;同时注重实验习题的编写,以体现习题的多样性、新颖性,充分发挥其在巩固知识和拓展思维方面的多种功能。部分教材在传统纸质教材的基础上,以二维码形式插入了丰富的操作视频、案例视频等数字资源,推出纸质和数字资源深度融合的"新形态"教材,增强了教材的表现力和吸引力,增加了学习的指导性和便捷性。

台州学院医药化工学院

前　言

　　本教材基于科研"反哺"教学的理念,实验内容突出"项目化"和"创新性"。所谓"项目化",是指实验内容来自教师主持的国家级科研项目,教师指导的国家级、省级大学生创新创业项目和省级竞赛项目。所谓"创新性",是指实验内容既体现了具有学科专业前沿性和引领性的最新科研成果,又涉及无机化学、分析化学、有机化学、物理化学、材料化学等多个基础学科,突出多学科交叉和知识融合性。此外,选择项目时注重实验内容在化工、制药、能源、材料等领域的应用,兼顾了创新性和应用性。本教材旨在创新实验教学体系,突出学生创新创业能力的培养,最终支撑地方高校化学化工类高素质应用型人才的培养。

　　本教材分为两篇。第一篇为创新实验,选取了包括玛雅蓝杂化颜料、凹凸棒型乳液、聚合物锂电池正极材料、燃料电池电极材料、硼掺杂介孔碳材料、多卤代吡啶胺化反应等涉及多个前沿领域的创新性实验,均来自教师和学生的国家级、省级项目;第二篇包括核壳结构催化剂光催化降解罗丹明 B 的研究、Salen 金属配合物及催化氧化安息香研究、钴催化贝克曼重排反应及机理研究、稀土配合物发光材料的研究与应用等实验,均来自竞赛项目。每个项目分为项目任务、项目设计、项目要求、任务清单和拓展训练等五个方面,并以嵌入二维码的形式提供研究实例文档和汇报视频。

　　本教材还突出"新形态"建设,在传统纸质教材的基础上,以二维码形式插入了项目实例微视频等数字资源,增加了学习的指导性和便捷性。本教材可供大学本科和专科院校化学、化学工程与工艺、材料化学、制药工程、高分子材料与工程专业、环境化学及其相关类专业使用,也可供企业相关研究人员参考。

　　本教材包括 18 个项目,分别由陈浩(项目 1、项目 3),陈章新、吴俊勇(项目 2、项目 5、项目 18),金燕仙、黄剑(项目 4、项目 5、项目 6、项目 18),李嵘嵘(项目 7、项目 9、项目 13),王传峰(项目 8),钟爱国(项目 10),武承林(项目 11),厉凯彬(项目 12),郭海昌(项目 14),张帅(项目 15),闫振忠(项目 16、项目 17)等撰写。全书由金燕仙和余彬彬统稿和定稿。

　　书中若有不足之处,恳请读者不吝批评指正。

　　　　　　　　　　　　　　　　　　　　　　　　　　　　　　　编　者

目 录

第一篇　创新实验

第二篇　竞赛实验

第一篇

—— 创新实验 ——

项目一　玛雅蓝杂化颜料的制备及其性能测试

　　颜料,又可称为着色剂,是一种有色的细颗粒粉状物质,一般不溶于水、油脂、树脂、有机溶剂等介质。颜料是纺织印染、涂料、油墨,以及着色塑料和橡胶等工业产品中的重要组分。颜料不同于染料之处,主要在于其在众多溶剂中的不可溶性。这种不可溶性能克服以染料分子制备的相关产品中存在的一些缺点,如聚合物产品使用过程中的染料分子滤出问题。目前,全球的染料和颜料的年交易值有近 200 亿美元,如此巨大的染料与颜料使用量给环境带来了严重影响。设计制备一些对环境具有强耐光、耐候性的颜料,不仅能提升所制备产品的品质,还能在一定程度上减轻相关产业对环境造成的潜在威胁,具有重要的经济效益和社会效益。

　　商用颜料按结构可分为有机颜料和无机颜料。无机颜料热稳定性、光稳定性优良,价格低,但着色力相对较差,相对密度大;有机颜料着色力高、色泽鲜艳、色谱齐全、相对密度小,但存在颜料粒子易团聚、耐热性和耐候性不强等缺陷。因此,研发性能优异的新型颜料,对于提升产品的品质至关重要。

　　玛雅蓝,一种玛雅文化中常使用的天然颜料,其主要成分为凹凸棒和靛蓝,具有极为优异的耐光性和耐化学腐蚀性,历经千年不褪色。玛雅蓝具有极佳的稳定性的原因长期困扰着人们,引起了全世界化学家和材料学家的关注。近十年来,对其制备方法和稳定性机理的研究越来越多,提出了一系列不同的制备方法和主-客体相互作用机理。

　　本创新性实验要求以凹凸棒和靛蓝为原料,选用合适的制备方法,研究确定影响杂化颜料色泽和稳定性的主要因素,并对杂化颜料的光稳定性、热稳定性和化学稳定性进行考察,并通过多种表征手段阐明可能的主-客体作用机理。

一、项目任务

　　1.制备有机-无机纳米杂化材料。以凹凸棒和靛蓝为原料,选择合适的方法制备玛雅蓝杂化颜料。

　　2.选取合适的仪器和条件,研究玛雅蓝的光稳定性、热稳定性和化学稳定性。

　　3.选取合适的仪器和条件对玛雅蓝进行表征,研究凹凸棒和靛蓝分子之间的相互作用机理。

二、项目设计

1. 对凹凸棒-靛蓝杂化物进行热处理。以凹凸棒和靛蓝为原料,选择合适的加热温度(建议 80～180 ℃)和加热时间(建议 5 min～24 h)制备一系列玛雅蓝。

2. 选取色度检测仪或色差仪,测试杂化颜料的色度参数,确定最佳制备条件。

3. 选取紫外光发射器或卤素灯,考察玛雅蓝的光稳定性;选取马弗炉,考察其热稳定性;将其浸泡于一定浓度的酸、碱溶液及有机溶剂中,考察其化学稳定性。

4. 采用比表面积分析仪(BET)、X 射线光电子能谱仪(XPS)、红外光谱仪(FT-IR)和热重分析仪(TGA)对玛雅蓝杂化颜料进行表征,研究凹凸棒和靛蓝分子之间的相互作用机理。

三、项目要求

学生方面:

1. 由 4～6 名学生组成一个实验小组,选 1 名学生为组长;项目设计中的 1、2、4 为必完成内容,3 可任选一种影响因素进行研究。

2. 根据学生自愿与适当指定原则,将学生分组并确定组长,并告之组长的职责。

3. 实验小组先查阅文献,设计出详细的实验方案,由组长报指导教师审核方案的可行性,指导教师审核认定后,再准备实验(方案内容包括仪器型号和测定方法)。

4. 实施实验项目时,对玛雅蓝颜色性能均须测试三次并取平均值。

5. 完成实验项目后,由组长负责,组织全组人员完成一份实验报告,并与文献结果进行对比。

教师方面:

1. 指导教师 2～3 名,从事无机化学、物理化学等理论与实验教学研究,优先考虑对凹凸棒等材料有深入研究的教师。

2. 在学生实验过程中,指导教师要全程观察、巡视,并指导学生实验,不能离岗。

3. 仔细审查每一组学生的实验方案,主要原则是使用常用药品与仪器,方案在现有文献中比较简单、成熟,没有大的危险性。

4. 根据每个实验小组的方案、实验操作、实验报告及产品性能等,给出每组的成绩(100 分制)。

四、任务清单

1. 查阅文献,以小组合作的形式,完成实验方案的设计。

2. 按照实验方案进行实验,并做好实验记录(提供原始记录)。

3. 最终形成实验报告,报告中包含查阅文献形成的文献综述部分。

4. 根据玛雅蓝中凹凸棒和靛蓝的相互作用方式,试着从常见染料中选出可应用于制备优异稳定性杂化颜料的染料。

5.完成以下思考题：

（1）玛雅蓝的色泽受哪些制备因素的影响？

（2）制备玛雅蓝时为什么要采用加热的方式？目的是什么？

6.全班各小组间进行汇报交流。

五、拓展训练（选项）

以小组合作的形式，完成玛雅蓝颜料产品的创新创业项目计划书，包括项目背景、市场机会、产品战略、市场营销和投资风险等。

二维码1
（项目实例 Word）

二维码2
（项目实例视频）

第一篇 创新实验

项目二　三苯胺类共轭微孔聚合物锂电池正极材料的制备及其储能性质研究

近年来,锂电池因其优异的充放电能力在储能领域中具有非常重要的地位。锂电池正极材料可分为无机过渡金属材料($LiCoO_2$、$LiFePO_4$、三元材料等)和有机材料。其中,由可再生前驱体衍生的有机材料,由于其结构设计中引入了活性官能团,因此可能比无机材料具有更好的电化学性能。

共轭微孔聚合物(conjugated microporous polymers,CMPs)是一类无定形的、具有共轭结构同时又具有三维网络结构的多孔聚合物。迄今为止,CMPs 材料被广泛应用于气体吸附、杂化催化、电致发光、光电转换、电致变色、储能等领域,在解决当前具有挑战性的能源和环境问题方面具有很大的潜力。有关研究表明,活性物质材料疏松的微观形貌、丰富的微孔结构提供了更多与电解液的接触面积,有利于与 Li^+ 和 PF_6^- 等电解质阴阳离子进行可逆的氧化还原反应,缩短电解质离子的扩散路径,从而可能提高锂电池的动力学和倍率性能。因此,设计合成新型的具有高比表面积和丰富孔结构的共轭微孔聚合物电极是提高锂电池性能的一种有效方法。

聚三苯胺及其衍生物是一种典型的 p 型掺杂自由基聚合物,由于其优越的电荷传输性能、电化学稳定性及分子结构可设计性等特点,成为最热门的高电压充放电锂电池正极材料之一。据报道,聚三苯胺作为锂电池正极材料展现出平稳的高充放电电压平台(~3.6 V)、高的库仑效率以及优良的循环稳定性。这是由其超快的电子传输和空穴传输能力、优异的氧化还原可逆性所决定的。然而,聚三苯胺的理论比容量较低(仅为 109 mAh/g),而实际比容量只有 80~90 mAh/g,这使得其正极材料能量密度较低。这主要是因为聚三苯胺易团聚的本质限制了其活性物质内部与电解液的充分接触,降低了其作为活性材料在电池充放电过程中的实际利用率。而将聚三苯胺衍生物材料设计成多孔聚合物材料是一种能有效改善聚合物易团聚这一关键问题的方法。

本创新性实验要求以 1,3,5-三溴苯和 4-硼酸三苯胺为原料,通过简单的化学氧化法制备共轭微孔聚合物,尝试探索合成路线和合成条件。进一步采用合适的现代波谱表征手段,考察该聚合物的形貌和独特的微介孔结构。制备聚合物电极并组装成锂电池,对其进行电化学性能测试,并尝试探究可能的充放电机制。

一、项目任务

1.三苯胺-苯结构有机小分子与三苯胺-苯结构共轭微孔聚合物和聚三苯胺材料的制备。

2.组装成 CR2032 型锂电池,研究三苯胺-苯结构共轭微孔聚合物电极和聚三苯胺电极在 LiPF$_6$ 电解液中的锂电池性能。

3.选择合适的测试仪器进行表征,研究三苯胺-苯结构共轭微孔聚合物和聚三苯胺的形貌、化学结构对锂电池性能的影响。

二、项目设计

1.选择合适的 Suzuki 偶联方法制备三苯胺-苯结构有机小分子。

2.通过简单的 FeCl$_3$ 催化氧化聚合方法,一步法制备三苯胺-苯结构共轭微孔聚合物和聚三苯胺材料。

3.组装成 CR2032 型锂电池,选择合适的测试条件,通过电化学工作站和 LAND 测试系统测试三苯胺-苯结构共轭微孔聚合物电极和聚三苯胺电极在 LiPF$_6$ 电解液中的首次充放电曲线、循环伏安特性、倍率性能等。

4.通过红外光谱仪(FT-IR)、紫外光谱仪(UV)、热重分析仪(TEA)、比表面积分析仪(BET)、扫描电镜(SEM)等仪器对材料进行表征,研究三苯胺-苯结构共轭微孔聚合物的形貌、化学结构对锂电池性能的影响。

三、项目要求

学生方面:

1.由 4～6 名学生组成一个实验小组,选 1 名学生作为组长,进行材料制备和电化学测试。

2.实验小组先查阅文献,设计出详细的实验方案,由组长报指导教师审核方案的可行性,指导教师审核认定后,再准备实验(方案内容包括仪器型号和测定方法)。

3.实验完成后,由组长负责,组织全组人员完成一份实验报告。

4.各小组探讨材料性能优劣的原因,并阐明锂电池作用机制。

教师方面:

1.指导教师 2～3 名,从事催化化学、电化学和物理化学理论与实验教学研究,优先考虑对锂电池正极材料有深入研究的教师。

2.仔细审查每一组的研究方法,主要原则是使用常用药品与仪器,方案在现有文献中比较简单、成熟,没有大的危险性。

3.在学生实验过程中,指导教师要全程观察、巡视,并指导学生实验,不能离岗。

4.根据每个实验小组的方案、实验操作、实验报告及产品性能等,给出每组的成绩(100 分制)。

四、任务清单

1.查阅文献,以小组合作的形式完成实验方案的设计。

第一篇 创新实验

2.开展实验,提供实验原始记录,并提交一份实验报告(含文献综述)。

3.重点探究三苯胺类共轭微孔聚合物的重复活性单元对锂电池循环伏安曲线和充放电曲线的影响。

4.探究基于相同活性单元的聚三苯胺和三苯胺类共轭微孔聚合物的形貌和孔结构对锂电池循环伏安特性和倍率性能的影响。

5.全班各小组间进行汇报交流。

五、拓展训练(选项)

以小组合作的形式,完成聚合物锂电池正极材料锂电池产品的创新创业项目计划书,包括项目背景、市场机会、产品战略、市场营销和投资风险等。

二维码 3
(项目实例 Word)

二维码 4
(项目实例视频)

项目三　利用有机化凹凸棒颗粒制备 W/O 型 Pickering 乳液

　　Pickering 乳液是一种利用固体颗粒作为乳化剂的特殊乳液,由于其价廉、低毒等特点,自 1907 年被发现以来已被人们广泛应用于纳米科学、药学及高分子材料科学等领域。目前对于 Pickering 乳液的研究主要集中在固体颗粒的形态和表面亲疏水性对乳液类型及稳定性的影响上,其中利用黏土矿物制备不同类型的 Pickering 乳液已引起人们的浓厚兴趣。黏土矿物是一种较为特殊的无机固体粒子,具有天然易得、价格低廉、晶形多样等特点,在稳定乳液方面逐渐引起人们的关注。黏土矿物粒子表面具有亲水性,因此更易稳定水包油(O/W)型乳液。

　　有机化修饰是将亲水性黏土矿物应用于油包水(W/O)型乳液的一个有效方法。近年来陆续有人利用表面修饰技术对黏土矿物进行有机改性,并将其应用于 Pickering 乳液的制备之中。Binks 等对纳米球形 SiO_2 表面进行了有机修饰,发现了所制备乳液的相反转现象。凹凸棒(又名坡缕石)是一种具有纳米孔道的层链状硅酸盐黏土矿物,富存于凹凸棒黏土矿中,一维的棒状纳米微观形态赋予其优异的吸附性能。已经证实使用凹凸棒可以制备出性能稳定的 O/W 型乳液。

　　为了拓宽凹凸棒在乳液领域的应用范围,本创新性实验要求选用合适的有机改性试剂和制备方法,对凹凸棒进行表面有机处理,考察诸因素对所制备乳液类型和稳定性的影响,确定最佳制备条件,并阐明可能的乳液界面稳定机理。

一、项目任务

　　1.以凹凸棒和表面活性剂为原料,选择合适的方法和表面活性剂制备有机化凹凸棒。

　　2.制备凹凸棒/油分散体系及 Pickering 乳液。

　　3.选取合适的条件和仪器,确定乳液的类型。

　　4.选取合适的仪器测试乳液的微观形貌,并确定最佳制备条件。

二、项目设计

　　1.选取疏水性表面活性剂(碳链长度大于等于 16 且能与凹凸棒发生强的作用,优先选择硅烷偶联剂),通过加热回流的方式制备有机化凹凸棒。

　　2.加入橄榄油,制备凹凸棒/油分散体系;加入水相,进行高速分散,制备得到凹凸棒乳液。

3.选取电导率测定法、溶剂稀释法或染色法,确定乳液的类型。

4.通过光学显微镜对乳液的微观形貌进行观测,系统考察体系 pH、颗粒质量分数、油相体积分数等因素对 Pickering 乳液稳定性的影响。

三、项目要求

学生方面:

1.由 4～6 名学生组成一个实验小组,选 1 名学生作为组长,进行组内分工合作。

2.实验实施时,对所制备的乳液需在开始和静置一段时间后拍照,照片需粘贴在报告中提交。

教师方面:

1.指导教师 3 名,从事分析化学、仪器分析及物理化学理论与实验教学研究。

2.根据学生自愿与适当指定原则,将学生分组,确定组长,并告之组长的职责。

3.仔细审查每一组的实验方案,主要原则是使用常用药品与仪器,方案在现有文献中比较简单、成熟,没有大的危险性。

4.在学生实验过程中,指导教师要全程观察、巡视,并指导学生实验,不能离岗。

5.根据每个实验小组的方案、实验操作、实验报告及产品性能等,给出每组的成绩(100 分制)。

四、任务清单

1.实验小组先查阅文献,设计出详细的实验方案,由组长报指导教师审核方案的可行性,指导教师审核认定后,再准备实验(方案内容包括仪器型号和测定方法)。

2.实验完成后,由组长负责,组织全组人员完成一份实验报告,并与文献结果进行对比。

3.完成以下思考题:

(1)制备性能稳定的乳液的关键是什么?

(2)Pickering 乳液的稳定性受哪些制备因素的影响?

(3)有机化对无机纳米颗粒的界面性质有无影响?这种处理方式是否会影响 Pickering 乳液的类型?

4.全班各小组间进行汇报交流。

五、拓展训练(选项)

　　以小组合作的形式,提出基于有机化凹凸棒的乳液的具体应用领域,并完成与此相对应的创新创业项目计划书,包括项目背景、市场机会、产品战略、市场营销和投资风险等。

二维码 5
(项目实例 Word)

二维码 6
(项目实例视频)

第一篇 创新实验

项目四　N 掺杂石墨烯负载 Pd 基合金纳米电催化剂的合成及其在直接甲酸燃料电池中的应用研究

甲酸具有无毒、不易燃、存储和运输安全方便、质子电导率高、对 Nafion 膜渗透率低、能量密度高等优良性能。直接甲酸燃料电池（direct formic acid fuel cell，DFAFC）作为一种高效的清洁能源，被公认为是目前燃料电池的发展方向之一，是当前研究的一个热点。虽然 DFAFC 有很多的优点，但仍存在几个关键性问题，其中最主要的问题就是甲酸阳极氧化催化剂的催化活性、稳定性与成本问题。

研究发现，与 Pt 贵金属催化剂相比，Pd 催化剂无论在室温还是高温下都具有更加优异的甲酸电催化氧化性能，而且其地球丰度远高于 Pt，因而 Pd 催化剂成为目前甲酸氧化最普遍的催化剂。但 Pd 催化剂在甲酸氧化过程中稳定性较差，最主要的原因是 Pd 会被甲酸电氧化或甲酸分解过程中产生的 CO 或类 CO 物种缓慢地毒化。因此，如何得到催化活性好、抗中毒能力强、稳定性高的新型阳极催化剂依然是一项富有挑战性的工作，其研究对于制备高性能的燃料电池催化剂和其他相关应用的催化剂都具有重要的科学意义和应用价值。

采用杂原子掺杂载体可以影响负载型金属的表面电子结构，从而提高催化剂的催化活性和稳定性。目前研究较多的是 N 掺杂石墨烯，N 原子与 C 原子半径相近，容易进入石墨烯的 C 骨架。研究发现，N 掺杂会在石墨烯表面产生不同的活性位，调变 C 原子的自旋密度和电荷分布，促进石墨烯平面结构中的电子流动性，加强石墨烯的导电性。因此，N 掺杂石墨烯作为载体显示了其潜在的应用前景。

为了提高电催化活性，减少 Pd 催化剂的使用量，一种可行的策略是通过掺入非贵金属形成 Pd 基合金。如 PdCo、PdFe、PdCu、PdNi、PdSn 和 PdBi 等二元催化剂均表现出较高的电催化氧化小分子（如醇类和甲酸）和氧化还原反应的催化活性和稳定性，并且比商用 Pd/C 催化剂的催化活性都要高。PdSn 是一种研究较多的二元催化剂，Sn 是一种亲氧金属，不仅有利于 H_2O 的快速吸附和解离出 OH^-，而且由于 Sn 的电子效应修饰 Pd 电子结构，使得毒化中间体如 CO 等在 Pd 表面的吸附强度降低，从而有利于毒化中间体的氧化去除，进而释放出更多的 Pd 活性位点。

本创新性实验建议采用氨水浸渍法对氧化石墨烯进行氮掺杂合成 N 掺杂石墨烯，进一步采用硼氰化钾法，引入第二种廉价金属 Sn 和 Ni，制备 N 掺杂石墨烯负载 Pd 基合金纳米催化剂。通过 N 掺杂对石墨烯进行改性，在表面形成合适的吡啶型 N 物种和石墨型 N 物种，改善石墨烯载体的电子结构，促进其均匀、稳固附着金属 Pd 粒子；再通过金属组分 Pd-Sn 和 Pd-Ni 的合金化作用提高催化剂对 CO 的抗毒化能力，以期获得成本较低、稳定性好且具有高催化活性的 DFAFC 阳极电催化剂；研究催化剂表面形貌及微观结构与电催化性能的关系,从而揭示该种催化剂的催化作用机制。

一、项目任务

1. 以氧化石墨烯为原料,选择合适的方法制备 N 掺杂石墨烯载体材料。

2. 选择合适的 Ni 和 Sn 源,在 N 掺杂石墨烯载体上分别负载 Pd/Ni 和 Pd/Sn,制备一系列 Pd 基合金催化剂材料。

3. 选择合适的测试条件研究 Pd 基合金催化剂对甲酸氧化电催化活性和稳定性。

4. 选择合适的测试仪器进行表征,研究 N 掺杂与合金种类、含量、颗粒形貌和粒径等对负载型 Pd 合金催化剂及其催化性能的影响。

二、项目设计

1. 采用 Hummers 法合成氧化石墨烯。推荐通过 X 射线粉末衍射仪(XRD)、透射电镜(TEM)等表征手段,证实结构的正确性。

2. 以氧化石墨烯为载体,以 Pd 和 Ni(Sn)的硫酸盐或氯化盐为原料,通过化学还原法制备石墨烯负载双组分金属催化剂。制备不同 Pd 和 Ni(Sn)原子比例的催化剂。

3. 采用三电极体系进行电化学性能测试,使用循环伏安法(CV)、线性扫描法(LSV)、计时电流(CA)和计时电压(CP)研究催化剂对甲酸氧化电催化活性。

4. 选择电催化效果较好的材料,推荐采用下列分析仪器进行表征:

(1) 采用 X 射线粉末衍射仪(XRD)分析负载型催化剂的晶型。

(2) 采用扫描电镜(SEM)、透射电镜(TEM)和高分辨透射电镜(HRTEM)观察催化剂的形貌。

(3) 选择合适的测试仪器分析催化剂材料中两种金属的元素组成及价态,如 X 射线光电子能谱仪(XPS)等。(选做)

三、项目要求

学生方面:

1. 由 4～6 名学生组成一个实验小组,选 1 名学生作为组长,进行材料制备和电化学测试等的分工。

2. 实验小组先查阅文献,设计出详细的实验方案,由组长报指导教师审核方案的可行性,指导教师审核认定后,再准备实验(方案内容包括仪器型号和测定方法)。

教师方面:

1. 指导教师 2 名,从事催化化学、电化学和物理化学理论与实验教学研究,优先考虑对电化学具有较深的理论基础和应用研究的教师。

第一篇 创新实验

2.仔细审查每一组的实验方法,主要原则是使用常用药品与仪器,方案在现有文献中比较简单、成熟,没有大的危险性。

3.在学生实验过程中,指导教师要全程观察、巡视,并指导学生实验,不能离岗。

4.根据每个实验小组的方案、实验操作、实验报告及产品性能等,给出每组的成绩(100分制)。

四、任务清单

1.各实验小组以团队合作方式完成实验方案的设计。

2.实验完成后,由组长负责,组织全组人员完成一份实验报告。实验报告中应该包含文献综述部分,附上实验原始记录,学生、指导教师签名后装订成册。

3.在指导教师指导下,尝试探讨N掺杂对石墨烯载体的作用及其对甲酸氧化电催化活性和稳定性的影响。

4.尝试探讨合金种类、含量、粒径等对甲酸氧化电催化活性和稳定性的影响。

5.各小组之间进行PPT汇报,分享实验收获。

五、拓展训练(选项)

以小组合作的形式,完成关于N掺杂石墨烯负载Pd基合金纳米电催化剂的创新创业项目计划书,包括项目背景、市场机会、产品战略、市场营销和投资风险等。

二维码7
(项目实例Word)

二维码8
(项目实例视频)

项目五　新型 N 掺杂 Ti_3C_2 负载 Pd 基催化剂的制备及其乙醇氧化电催化性能的研究

直接醇类燃料电池(direct alcohol fuel cell，DAFC)作为一类清洁可靠的可再生能源，由于具有能量密度高、燃料来源广、低污染、储存与运输方便等优点，在机动车、移动设备、居民家庭领域具有非常广泛的应用前景。催化剂是燃料电池电极中最重要的组成部分。而阳极催化剂活性低，受醇类氧化中间体(—CO)"毒化"现象严重，成为制约其发展及规模化应用的关键瓶颈。因此，设计开发催化活性好、抗中毒能力强、稳定性高的新型阳极催化剂依然是当前直接醇类燃料电池商业化进程中的一项紧迫而有战略性意义的工作。

设计新型催化剂从活性组分和载体两个方面考虑。在活性组分的选择上，应该综合考虑催化性能和成本。目前的 DAFC 技术以强酸性离子交换膜为电解质，严重依赖于贵金属 Pt 基催化剂，无法满足未来广泛应用的要求。据研究报道，某些在酸性介质中活性不高的金属(如 Pd、Au)在碱性介质中表现出比 Pt 更高的醇氧化催化活性和稳定性，如在碱性环境中 Pd 对乙醇的电催化氧化具有比 Pt 更高的活性，而且催化剂抗毒化能力强；另外，Pd 在地球上丰度比 Pt 高。因此，Pd 有望成为碱性条件下乙醇电氧化催化剂的活性成分。

采用新型载体使得催化剂具有更好的催化活性和稳定性，是燃料电池催化剂研究的一个重要方向。MXene(Ti_3C_2、Ti_2C 和 V_2C 等)作为一类新型的由过渡金属组成的二维层状结构材料，具有巨大的比表面积和优异的金属导电性，能确保载流子的有效转移，在光电、太阳能电池、锂离子电池、催化、化学和生物传感以及超级电容器等领域都有潜在的应用价值。有文献报道将 Ti_3C_2 替代炭黑作为 Pt 纳米晶载体，用于电催化氧化还原反应，结果表明，在稳定性和循环性能方面，Pt/Ti_3C_2 比 Pt/C 催化剂更加优越。

本创新性实验建议以 Ti_3C_2 为载体，选用合适的制备方法，研究不同 HF 蚀刻时间和氨水掺杂对 Pd 催化剂的影响，并对其乙醇氧化电催化活性和电化学稳定性进行考察，通过各种表征手段阐述其可能存在的催化剂作用机制。

一、项目任务

1.制备二维层状材料，建议以市售 500 目 Ti_3AlC_2 为原料，用蚀刻法制备 Ti_3C_2。

2.选取合适氮源，探索合适条件，制备 N 掺杂 Ti_3C_2 载体。

3.选择合适的测试条件研究 N 掺杂 Ti_3C_2 载体催化剂的乙醇氧化电催化活性和稳定性。

4.选择合适的测试仪器进行表征,研究 N 掺杂和载体形貌对负载型 Pd 金属及其催化性能的影响。

二、项目设计

1.采用蚀刻法,选择不同的 HF 溶液蚀刻时间,制备一系列 Ti_3C_2 材料。推荐通过 X 射线粉末衍射仪(XRD)、透射电镜(TEM)等表征手段,证实结构的正确性。

2.采用水热法,选择合适的氮源对 Ti_3C_2 材料进行氮掺杂。推荐通过 X 射线粉末衍射线(XRD)、透射电镜(TEM)、X 射线光电子能谱仪(XPS)等表征手段,证实结构的正确性。

3.通过 KBH_4 还原法制备 N 掺杂 Ti_3C_2 负载 Pd 金属催化剂。

4.采用三电极体系进行电化学性能测试,使用循环伏安法(CV)、线性扫描法(LSV)、计时电流(CA)和计时电压(CP)研究催化剂对乙醇氧化电催化性能的影响。

5.选择电催化效果较好的材料进行分析表征。

(1) 采用 X 射线粉末衍射仪(XRD)分析负载型催化剂的晶型。

(2) 采用扫描电镜(SEM)、透射电镜(TEM)和高分辨透射电镜(HRTEM)观察催化剂的形貌。

(3) 选择合适的测试仪器,分析催化剂材料中两种金属的元素组成及价态,如 X 射线光电子能谱仪(XPS)、X 射线能谱仪(EDX)等。(选做)

三、项目要求

学生要求:

1.由 4~6 名学生组成一个实验小组,选 1 名学生作为组长,进行材料制备和电化学测试。

2.实验小组先查阅文献,设计出详细的实验方案,由组长报指导教师审核方案的可行性,指导教师审核认定后,再准备实验(方案内容包括仪器型号和测定方法)。

3.完成实验后,由组长负责,组织全组人员完成一份实验报告,并根据产品的性能优劣探讨催化剂作用机制。

教师要求:

1.指导教师 2~3 名,从事催化化学和物理化学理论与实验教学研究,对电化学具有较深的理论基础。

2.仔细审查每一小组的实验方法,主要原则是使用常用药品与仪器,方案在现有文献中比较简单、成熟,没有大的危险性。

3.在学生实验过程中,指导教师要全程观察、巡视,并指导学生实验,不能离岗。

4.根据每个实验小组的方案、实验操作、实验报告及产品性能等,给出每组的成绩(100 分制)。

四、任务清单

1. 各小组以团队合作的形式,完成实验方案的设计。

2. 实验完成后,由组长负责,组织全组人员完成一份实验报告。实验报告中应该包含文献综述部分,附上实验原始记录,学生、指导教师签名后装订成册。

3. 选出最高催化活性和稳定性的催化剂材料,总结成功经验。各小组之间进行展示和分享。

4. 完成以下思考题:

(1) N 掺杂对 Ti_3C_2 载体的作用及其对乙醇氧化电催化活性和稳定性的影响。

(2) 不同 HF 蚀刻时间对催化剂微结构的影响及其对乙醇氧化电催化活性和稳定性的影响。

五、拓展训练(选项)

以小组合作的形式,完成乙醇燃料电池阳极电极材料产品的创新创业项目计划书,包括项目背景、市场机会、产品战略、市场营销和投资风险等。

二维码 9
(项目实例 Word)

二维码 10
(项目实例视频)

第一篇 创新实验

项目六　动力锂离子电池正极材料纳米石墨包覆 LiFePO₄ 的制备及其电化学性能研究

电动车是代表人类未来出行模式的战略性移动工具之一。低速电动车在使用阶段具备零油耗、零排放、零污染的特点,是绿色出行的理想选择。而锂电池作为一种极具潜力的新型高能电池受到了研究人员的广泛关注。锂电池循环寿命更长,可支撑车辆较长时间的行驶需要而不必更换电池,但其一次性购置成本较高。随着锂电池的不断进步和规模化应用,其性价比有较大的提升空间。目前已经市场化的锂电池的正极材料包括钴酸锂、锰酸锂、磷酸铁锂和三元材料等产品。磷酸铁锂(LiFePO₄)作为锂离子电池的正极材料,具有结构与热稳定性好、充放电循环稳定性好、放电电压平稳、原材料丰富、对环境的污染小等优点,是理想的动力锂离子电池正极材料。

磷酸铁锂存在导电性能差、振实密度低等缺点。为了改善磷酸铁锂的导电性能,目前开展的研究工作主要集中在三个方面:一是改进合成方法,降低材料颗粒粒径,缩短锂离子扩散路径,改善其高倍率充放电性能;二是加入适量导电碳材料,进行碳的分散与包覆;三是掺杂金属离子来提高电子电导率。据文献报道,活性物质均匀分布在碳层表面上可以确保锂离子嵌入/脱出均匀性。所以通过减少粒度和改善碳涂层,有望解决制约 LiFePO₄ 的瓶颈问题。近几年来,随着对改善其导电性的方法研究的深入,该类材料的导电性已达实用水平而受到人们极大的关注。目前国际上在磷酸铁锂领域领先的企业已经掌握了较为成熟的量产技术。

本创新性实验建议以磷酸铁、碳酸锂等为原料,选取合适的方法制备纳米石墨包覆 LiFePO₄ 正极材料,并对其电化学性能进行表征。利用电池电化学性能测试仪等测试技术和现代波谱表征手段研究合成材料的物相结构、表观形貌及电化学性能。考察工艺参数对材料性能的影响,探索最佳工艺条件。考察纳米石墨掺杂量和包覆量对材料结构和电化学性能的影响。

一、项目任务

1. 制备一系列纳米石墨包覆 LiFePO₄ 正极材料。
2. 组装成锂电池,测试其充放电性能和倍率性能。
3. 选取合适的仪器对材料进行表征。

二、项目设计

1. 以磷酸铁、碳酸锂等为原料，选取合适的方法和条件制备纳米石墨包覆 $LiFePO_4$ 正极材料。设置不同的纳米石墨包覆含量（0.25%，0.5%，0.75%）。

2. 样品物化性能表征：取适量制备的样品分别做 XRD、SEM 等表征。

3. 组装成电池：在手套箱中用实验电池壳按照正极活性物质、电解液、隔膜、负极锂片的顺序装配成实验纽扣电池。确定正极活性物质的准确用量。

4. 电化学性能测试：

（1）将装配好的锂离子电池在充放电测试仪上测定初始充放电参数（放电倍率为 0.1 C，区间为 1.5～4.5 V）。

（2）在电化学工作站上测定样品在不同倍率下的放电循环曲线。

（3）在电化学工作站上测试 0.1 C 下的电压和电流随测试时间的变化曲线。

5. 分析 XRD 图谱、比容量-循环次数图及首次循环比容量-电压图。

三、项目要求

学生方面：

1. 由 4～6 名学生组成一个实验小组，选 1 名学生为组长。

2. 实验小组先查阅文献，设计出详细的实验方法，由组长报指导教师审核方案的可行性，指导教师审核认定后，再准备实验（方案内容包括合成方法、各种原料的质量、具体反应条件优化方案）。

3. 实验实施时，材料制备由 6 人分成 3 组进行；组装电池由 2 人完成；红外光谱和 XRD 表征由组长指定 2 人负责完成；电化学性能测试由组长指定 2 人负责完成。

4. 实验完成后，由组长负责，组织全组人员完成一份实验报告，并交组装好的电池。

教师方面：

1. 指导教师 2～3 名，从事物理化学理论与实验教学研究。优先考虑有锂离子电池研究基础的教师。

2. 根据学生自愿与适当指定原则，将学生分组，确定组长，并告之组长的职责。

3. 仔细审查每一组的实验方法，主要原则是使用常用药品与仪器，在现有文献中选择比较简单、成熟、可操作性强的方案。

4. 在学生实验过程中，指导教师要全程观察、巡视，并指导学生实验，不能离岗。

5. 根据每个实验小组的方案、实验操作、实验报告及产品性能等，给出每组的成绩（100 分制），组员成绩按 1,0.95,0.95,0.90,0.85,0.80 权重由组长打分（其中组长权重为 1）（也可以由各组自行定比例打分）。

第一篇 创新实验

四、任务清单

1.通过查阅文献,设计合成路线。重点查阅现有合成方法,并进行对比,最终完成实验方案设计。

2.各小组对实验方案进行汇报,评估方案的可行性,对方案进行优化。

3.实验完成后,由组长负责,组织全组人员完成一份实验报告。实验报告中应该包含文献综述部分,附上实验原始记录,学生、指导教师签名后装订成册。

4.实验报告中试着分析以下问题:

(1)石墨在包覆过程中起什么作用?

(2)从 XRD 和 SEM 图可以得到什么信息?

(3)分析形貌结构和性能之间的关系。

五、拓展训练(选项)

以小组合作的形式,完成锂离子电池正极材料产品的创新创业项目计划书,包括项目背景、市场机会、产品战略、市场营销和投资风险等。

二维码 11
（项目实例 Word）

二维码 12
（项目实例 PPT）

项目七　硼掺杂对介孔碳材料荧光性质的影响及其催化性能研究

　　由于有序介孔碳(ordered mesoporous carbon，OMC)材料具有高比表面积、有序的介孔结构以及孔径可调等特性，已经引起了科学家的兴趣。研究发现，通过表面改性可以改善它们的理化性质。由于金属-载体间的弱相互作用，负载在碳质材料上的金属趋向于聚集在载体的表面。碳质材料掺杂杂原子(如 N、B 或 P)已经被证明是一种用于改善它们的表面性质，从而增强负载型催化剂催化性能的有效方法。

　　硼(B)元素是一种与碳原子尺度相近的元素，它被预计将能很好地成为碳基体中的 B 掺杂碳载体。此外，一个硼原子含有三个价电子，能作为电子受体进入碳晶格，从而导致其电子结构发生改变，且 B 掺杂碳的石墨化程度会增大。B 掺杂进入碳载体中也能够增强表层金属簇，增强金属-载体间的相互作用，最终可能会影响表层金属颗粒的物理化学性质(如分散及组成)。

　　在多相催化反应中，铂、金和钯是主要的催化剂组分。铂没有表面改性或合金化而导致在催化反应中遭受严重的 CO 中毒；于金而言，高的催化活性只能通过负载在特定金属氧化物的亚纳米级簇上而获得，这在规模化合成中很特殊。因此，在催化剂中引入钯是最具前景的。

　　虽然，通过硬模板法将 B 掺杂进 OMC 已经得到了很好的发展，但因硬模板法的效率低、成本高、过程难控且有害于健康而使得 BOMC 的合成仍有需求。近年来，有机-有机自组装方法已经被成功地用来合成 OMC。相对于普通的碳材料，介孔结构可以更好地加快反应物和产物分子等的传递，有利于提高催化剂的活性和稳定性。这些方法为 OMC 和含杂原子 OMC 的设计与合成提供了新的机会。

　　本项目以介孔碳材料和硼酸为原料，选择合适的方法制备 B 掺杂碳量子点材料，进一步采用表征手段测试 B 掺杂介孔碳材料的形貌和结构，并采用合适的手段测试其催化活性和荧光性能，尝试探究其作用机理。

一、项目任务

　　1.以介孔碳材料为载体，制备一系列 B 掺杂碳量子点材料。

　　2.选取合适的条件和仪器，研究 B 掺杂介孔碳材料的催化活性和荧光性能。

　　3.选取合适的仪器对 B 掺杂介孔碳材料进行表征，结合催化性能，确定最佳制备条件，研究介孔碳材料和 B 原子之间的相互作用机理。

二、项目设计

1. 以介孔碳材料为载体,硼酸为原料,选择适当的焙烧温度(40～120 ℃)、加热时间(4～24 h),制备一系列 B 掺杂碳量子点材料。

2. 利用氮气吸附仪、红外光谱仪、X 射线衍射仪、紫外分光光度计、稳态瞬态荧光光谱仪等仪器对材料进行结构、荧光性能、表面官能团等表征。

3. 采用 UV-2450 型紫外分光光度计考察 BOMC 材料催化对硝基苯酚加氢反应的活性和稳定性。

三、项目要求

学生方面:

1. 由 4～6 名学生组成一个实验小组,选 1 名学生为组长;项目设计中的 1、3 为必完成内容,2 可选用部分仪器进行表征。

2. 实验小组先查阅文献,设计出详细的实验方案,由组长报指导教师审核方案的可行性,指导教师审核认定后,再准备实验(方案内容包括仪器型号和测定方法)。

3. 实验实施时,对 B 掺杂碳量子点材料荧光性能均须测试三次并取平均值。

4. 实验完成后,由组长负责,组织全组人员完成一份实验报告。

教师方面:

1. 指导教师 2～3 名,从事无机化学、有机化学、物理化学等理论与实验教学研究。

2. 根据学生自愿与适当指定原则,将学生分组,确定组长,并告之组长的职责。

3. 仔细审查每一组的研究方案,主要原则是使用常用药品与仪器,方案在现有文献中比较简单、成熟,没有大的危险性。

4. 在学生实验过程中,指导教师要全程观察、巡视,并指导学生实验,不能离岗。

5. 根据每个实验小组的方案、实验操作、实验报告及产品性能等,给出每组的成绩(100 分制)。

四、任务清单

1. 各小组以团队合作的形式,完成实验方案的设计。

2. 实验完成后,由组长负责,组织全组人员完成一份实验报告。实验报告中应该包含文献综述部分,附上实验原始记录,学生、指导教师签名后装订成册。

3. 选出最高催化活性和稳定性的催化剂材料,总结成功经验。各小组之间进行展示和分享。

4. 完成以下思考题:

(1) B 掺杂碳量子点材料受哪些制备因素的影响?

(2) 制备 B 掺杂碳量子点材料时为什么要采用加热的方式?目的是什么?

（3）介孔结构会对其荧光性能产生什么影响？

（4）硼元素的加入会对材料自身结构及荧光性能产生哪些影响？

5.各小组之间进行现场 PPT 汇报，重点分享实验收获。

五、拓展训练（选项）

以小组合作的形式，完成 B 掺杂碳量子点产品的创新创业项目计划书，包括项目背景、市场机会、产品战略、市场营销和投资风险等。

二维码 13
（项目实例 Word）

二维码 14
（项目实例视频）

项目八　新型类聚丙烯酸酯基树脂镜片配方的研究

目前,我国有近3亿近视患者,并且这个数字还在快速增加。高质量的变色镜片可以保护视力。因此,变色镜片的强大需求推动了光致变色镜片的研究开发。1962年出现了第一代光致变色玻璃,它是一种随光强弱而改变颜色的玻璃,具有光色互变的特性,即玻璃的透光率能够随光强度的改变而自行改变,强光下玻璃呈茶色或灰色而降低透明度,随着日光减弱玻璃恢复透明度,回归到原底色时基本上为无色。光致变色玻璃的其他特性包括将眩光对眼睛的影响减少到最小,防护紫外线辐射,提供从室内到室外的光线自动调节,改善色觉和对比敏感度,提供舒适的视觉。用光致变色玻璃制成的光致变色镜片既可矫正视力,又可作为太阳眼镜,适合野外佩戴,还能提供许多视觉和美学上的增强性能。

然而,光致变色玻璃在近视镜片使用方面存在较大的局限性,首先其折射率低导致镜片厚度较大;其次玻璃密度较大使佩戴者感觉鼻梁有压迫感;另外,玻璃制品易碎等。因此,树脂镜片的开发与应用具有很大的社会效益,也能为企业带来巨大的经济效益。树脂镜片能够改善和/或摒弃玻璃镜片的上述缺点,正越来越受到消费者的欢迎,市场前景良好。光致变色树脂镜片提供的高品质的多功能特性有利于各年龄层次人群的眼睛防护,特别是18岁以下的青少年。

近年来,光致变色树脂镜片的发展较快。相对于传统的聚甲基丙烯酸甲酯树脂,新型的类聚甲基丙烯酸酯类树脂具有透光性高、色散低、耐候性好、密度小等优点。此外,它还因含更多的官能团而具有更好的相容性,有利于与变色粉等添加化合物协同响应,具有很高的开发价值。

本创新性实验要求开发一种以类聚丙烯酸酯类树脂为基材的镜片新配方,基于超分子作用原理进行配方优化,并对其性能进行测试。

一、项目任务

1. 开发一种以类聚丙烯酸酯类树脂为基材的光致变色镜片新配方,对配方进行优化。

2. 对光致变色镜片的光学、机械等性能进行测试,对结构进行表征,并探讨其性能影响因素。

二、项目设计

1.以聚乙二醇甲基丙烯酸甲酯为树脂骨架,通过甲基、乙二醇醚基等取代基进行官能团转化,修饰基材的化学结构,进行配方优化和固化实验,获得树脂镜片。

2.考察树脂镜片的性能及其影响因素,重点考察镜片的变色响应速度,考察镜片在不同温度和不同强度太阳光照射下的光谱变化特性。

3.对树脂镜片进行其他表征。

(1)用阿贝折光仪测定其折射率和阿贝指数。

(2)用热机械分析仪测定其耐热性。

(3)运用气质联用(GC-MS)仪器进行化学检测。

三、项目要求

学生方面:

1.由 4~6 名学生组成一个实验小组,选 1 名学生为组长。

2.实验小组先查阅文献,设计出详细的实验方案,由组长报指导教师审核方案的可行性,指导教师审核认定后,再准备实验(方案内容包括仪器型号和合成方法、性能测定方法)。

教师方面:

1.指导教师 2 名,从事有机化学、高分子化学、仪器分析理论与实验教学研究。

2.根据学生自愿与适当指定原则,将学生分组,确定组长,并告之组长的职责。

3.仔细审核研究方案,主要原则是使用常用药品与仪器设备,方案在现有文献中比较简单、成熟,没有大的危险性。

4.在学生实验过程中,指导教师要全程观察、巡视,并指导学生实验,不能离岗。

5.根据每个实验小组的方案、实验操作、产品的性能测试及镜片产品实物等,给出每组的成绩(100 分制)。

四、任务清单

1.各小组以团队合作的形式,完成实验方案的设计。

2.实验完成后,由组长负责,组织全组人员完成一份实验报告。实验报告中应该包含文献综述部分,附上实验原始记录,学生、指导教师签名后装订成册。

3.实验报告中分析以下问题:

(1)添加塑化剂可以降低高模量,在镜片配方设计中有什么局限性?

(2)因类聚丙烯酸酯类树脂具有更多的官能团而性能优异,试着从常见的相互作用方式进行相应的微观解释。

五、拓展训练（选项）

以小组合作的形式,完成树脂镜片产品的创新创业项目计划书,包括项目背景、市场机会、产品战略、市场营销和投资风险等。

二维码 15

（项目实例 Word）

项目九　四氢呋喃甲醇絮凝法回收废润滑油的研究

　　制药化工废弃物主要包括生产和使用过程中产生的废料、副产物等,其中废矿物油作为大宗石化产品使用后的产物,属于国家规定的危险废弃物（编号 HW08）,直接抛弃或燃烧会造成严重的环境污染。据估算,我国已排放的废矿物油高达 7000 多万吨,绝大部分的废矿物油没有被充分回收与利用,仅此造成的经济损失高达上千亿元。国家将废矿物油等制药化工废弃物再生利用列入国家战略性新兴产业重点产品和服务指导目录,为解决废弃物综合利用提供了政策保障。

　　润滑油是一种作用于各类机器零件上以减少摩擦、保护加工零件为目的的液体润滑剂,主要起润滑、防锈、清洁、冷却和密封等作用。润滑油本身并不是能源,而是石油提炼的一种产品,在其使用过程中,会有大量杂质使其老化变质,但是它的主要成分（基础油）并没有发生改变。因此,废弃润滑油的合理回收再生不仅在生产成本方面有重要经济价值,更在能源问题和环境保护问题上具有深远的意义。

　　废润滑油再生技术主要分为再净化工艺、再精制工艺以及再炼制工艺,其中,再精制工艺中的溶剂精制和加氢精制均可用于生产较高品质的润滑油基础油,而溶剂精制具有设备价廉且操作简便,可以多次回收利用的特点。再炼制工艺在预处理基础上增加蒸馏和加氢精制等工艺,用于再生基础油,是废润滑油再生利用技术的主要发展趋势。蒸馏工艺中的分子蒸馏技术,具有蒸馏温度低、蒸馏时间短、蒸发效率高、分离程度高等优点,具有较好的发展前景,但在处理过程中需要消耗大量热能;加氢精制产品收率高,再生产品质量好,但设备投资高,操作较复杂,且加氢条件苛刻,不适合小规模企业使用。

　　对各企业废润滑油处理中间环节和精制阶段采用的技术分布情况进行分析得到,中间处理环节采用常压蒸馏、减压蒸馏（精馏）的企业最多,占 47%,采用溶剂精制的企业占 26%,有超过 50% 的企业没有精制工艺。絮凝处理的原理是通过加入絮凝剂分散胶体离子正、负电荷,消除离子的相斥力,使粒子间的距离缩小至引力场半径,实现聚凝。絮凝法常与机械分离联用,如絮凝＋沉降、絮凝＋离心、絮凝＋离心＋过滤等工艺。经絮凝处理后,废润滑油中的灰分和金属含量大幅下降,能保证后续设备的稳定。常见的絮凝剂有:①硅酸钠溶液等无机絮凝剂;②二乙烯三胺、烃基季铵盐阳离子-十六烷基三甲基溴化铵水溶液等有机低分子絮凝剂;③石油破乳剂DPA2031、聚氧乙烯去水山梨醇多油酸酯等有机高分子絮凝剂。

　　本创新性实验选取四氢呋喃甲醇作为絮凝剂,控制一定的体积比,处理废弃润滑油,再通过三相离心技术进行固液分离得到初分润滑油。在此基础上,选择合适的膜材料,再外加一定的电位,进行膜分离,得到基础油。本项目为企业委托项目转化而来,从企业实际需求出发来设计工艺路线并进行优化。

一、项目任务

1. 以四氢呋喃甲醇作为絮凝剂,通过固液分离方法初分废润滑油。
2. 通过电化学膜分离得到基础油。
3. 对再生润滑油的成分和含量进行测定。

二、项目设计

1. 选取相应的废润滑油,采用常规方法测定,测出废润滑油中所含金属总量、灰分量和含磷量。
2. 对选取的废润滑油进行预处理,预处理过程为:按照 4.0%,5.0%,10.0% 的体积比在废润滑油中加入四氢呋喃甲醇溶剂,预处理反应器采用常规的设备即可,然后采用三相离心机通过三相离心的方式进行相分离处理,去除较大的固体颗粒物,再分离四氢呋喃甲醇溶剂和油相。
3. 在初分润滑油的基础上,选择合适的膜材料,再外加一定的电场,进行膜分离,得到基础油。
4. 对基础油进行物理与化学分析,得到基础油的性质,研究其分离机理,并重新筛选合适的表面活性剂、膜材料,分析外加电场条件对分离的影响,得出电化学再生废润滑油的最佳条件。
5. 采用电感耦合等离子体发射光谱仪对再生润滑油的金属含量与含磷量进行测定。
6. 采用燃烧法,对再生润滑油的总灰分进行测定。

三、项目要求

学生方面:

1. 由 4~6 名学生组成一个实验小组,选 1 名学生为组长。
2. 实验小组先查阅文献,设计出详细的研究方法,由组长报指导教师审核方案的可行性,指导教师审核认定后,再准备实验。
3. 实验实施时,分成两组进行实验:A 组先测废润滑油中所含金属总量、灰分量和含磷量,B 组先进行预处理;A、B 两组合作筛选出合适条件;A 组对筛选出的再生废润滑油的总灰分量进行测定,B 组采用电感耦合等离子体发射光谱仪对再生润滑油的金属含量与含磷量进行测定。

教师方面:

1. 指导教师 2~4 名,从事化工理论与实验教学研究,有废润滑油研究背景的教师优先。

2.根据学生自愿与适当指定原则,将学生分组,确定组长,并告之组长的职责。

3.仔细审查每一组的实验方案,主要原则是使用常用药品与仪器,在现有文献中选择比较简单、成熟、可操作性强的方案。

4.在学生实验过程中,指导教师要全程观察、巡视,并指导学生实验,不能离岗。

5.根据每个实验小组的方案、实验操作、实验报告及产品性能等,给出每组的成绩(100分制),组员成绩按1,0.95,0.95,0.90,0.85,0.80权重由组长打分(其中组长权重为1),也可以由各组自行定比例打分。

四、任务清单

1.各小组以团队合作的形式,完成实验方案的设计。

2.实验完成后,由组长负责,组织全组人员完成一份实验报告。实验报告应包含文献综述部分,附上实验原始记录,学生、指导教师签名后装订成册。

3.实验报告中试着分析以下问题:

(1)废润滑油中可能含有什么组分,应该用什么方式去除?

(2)加入不同含量辅助溶剂对废润滑油再生有什么影响?

(3)电感耦合等离子体发射光谱仪的工作原理是什么?

4.各小组之间进行现场PPT汇报,重点分享实验收获。

五、拓展训练(选项)

以小组合作的形式,完成废润滑油电化学分离再生工艺研究的创新创业项目计划书,包括项目背景、市场机会、产品战略、市场营销和投资风险等。

二维码 16
(项目实例 Word)

二维码 17
(项目实例视频)

第一篇 创新实验

项目十　基于密度泛函活性理论的抗埃博拉病毒药物法匹拉韦及其衍生物 pK_b 值预报和测试

　　埃博拉病毒是一种能引起人类和其他灵长类动物产生埃博拉出血热的烈性传染病病毒,是人类有史以来所知道的最可怕的病毒之一。尽管医学家们绞尽脑汁,做过许多探索,但埃博拉病毒的真实"身份"至今仍为不解之谜,由于事态紧急,在短时间内开发出有效药物尤为重要。

　　法匹拉韦(Favipiravir)是日本某医药公司已发现的一种新型抗病毒化合物,该药物能有效阻止细胞内的病毒增殖,在抗埃博拉病毒方面很可能具有一定的疗效。研究表明,该分子一个非常重要的理化性质是其 N 杂环的酸碱性(用 pK_b 值表示,图 10-1)。

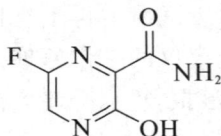

图 10-1　法匹拉韦分子及其衍生物结构

(取代基 R 位于杂环 H 和氨基 H 及其羟基 H 上,预测杂环 N 碱性)

　　分子酸碱度 pK_b 值是药物分子的一个基本物化性质,其对人体的药物吸收程度有重要影响。原子电荷是对化学体系中电荷分布最简单、最直观的描述形式之一,在理论和实际应用中都有重要意义。从药物分子的骨架结构开始,如果运用理论计算的方法,很容易获得原子的电荷值,这样就能够弥补实验方法的不足,并能提供相当高的精度和准确度。

　　基于第一性原理,建立具有较佳的预测分子酸碱度 pK_b 值能力的数学物理模型,同时预测羧酸类、羟基类、胺类药物和类似分子的 pK_b 值,并与用 Hammett 常数建立的预测方法进行比较,发展一套快速可靠的分子酸碱度预测方法,对于抗病毒药物的早期评价具有重要意义。

　　由于在新药筛选时不可能对所有候选药物分子的理化性质(如酸碱性、亲脂性、溶解度等)一一进行实验测定,所以快速而准确地计算并进行预测就非常有必要。目前常用的理论计算方法是定量构效关系(QSAR)方法。理论上使用从头算和密度泛函活性理论方法计算模拟分子理化性质的工作大致可以分为三类:①使用各种量子力学描述符和统计学方法建立一些预测性模型;②基于热力学循环的从头算方法;③基于分子片方法。尽管从头算量子力学方法得到了广泛的应用,但是这些方法计算耗时,而且常常容易出错,精度上的稍微提高总是需要更多的计算代价。

使用量子力学描述符（quantum descriptor）预测 pK_b 值等理化参数已经有很长的历史。全局描述符（global descriptor），如前线分子轨道能量只取得了很有限的成效。分子酸性是酸性原子附近的一个局域性质，环境的影响（如取代基和溶剂效应等）通过电子密度的改变反映在那块较小区域，同时提出使用酸性原子和离去质子原子核上的静电势以及自然原子轨道能量这两个量子力学措述符定量地描述实验所得到的 pK_b 值。基于第一性原理和密度泛函活性理论方法，初步尝试取代苯甲酸分子酸碱性的预测，并取得了一定的成效。

本创新性实验采用量子化学方法，利用计算机和高斯软件对法匹拉韦及其衍生物的 pK_b 值进行预测。优化一系列单（多）取代法匹拉韦分子骨架，研究系列指数与系列取代法匹拉韦分子的酸碱度相关性，研究取代法匹拉韦与其药理活性之间的相关性。

一、项目任务

1. 构建和优化法匹拉韦及其衍生物分子结构模型。
2. 建立法匹拉韦系列指数与系列取代法匹拉韦分子的酸碱度相关性。
3. 测定法匹拉韦的分子酸碱度 pK_b 值。

二、项目设计

1. 以法匹拉韦及其常见的吸（推）电子取代基为模型分子，选择合适的取代基构建法匹拉韦及其衍生物的分子结构模型。

2. 选择适当的 Gaussion 09W 软件基组、泛函，优化一系列单（多）取代法匹拉韦分子骨架。

3. 选取合适的分子结构辅助显示软件，如 Multiful 3.2 软件，显示法匹拉韦的键参数和电子密度参数，并确定最佳显示条件。

4. 基于软件 ACD LAB 6.0 预测分子的酸碱性的文献数据，以取代分子实验酸碱性为纵坐标，以密度泛函活性理论系列指数为横坐标作图，研究系列指数与系列取代法匹拉韦分子的酸碱度相关性。

5. 选取合适的密度泛函活性理论指数对法匹拉韦分子酸碱性进行表征，研究取代法匹拉韦和其药理活性分子之间的相关性。

6. 选择 QSAR 模型的内部验证方法和外部验证方法。内部验证方法包括留一法交叉验证、留多法或留 N 法交叉验证、随机化验证和自举法。获取评价模型外部预测能力的统计量包括一致性相关系数 r 和 r^2 方法。对所得方程进行单因子回归分析和多元回归分析，得到回归参数和方差的估计值。

7. 选出 10 个有代表性的取代法匹拉韦体系，用实验方法测定其 pK_b 值，用来验证该理论的预测适应性。在药物学研究中，通过 QSAR 研究可以进一步修改药物分

子结构,进而提高药效或更进一步理解生物学机理。

三、项目要求

学生方面:

1.由 4～6 名学生组成一个实验小组,选 1 名学生为组长;项目设计中的 1、2、3、4、5 为必完成内容,6 和 7 可任选一种体系进行继续研究。

2.实验小组先查阅文献,设计出详细的实验方案,由组长报指导教师审核方案的可行性,指导教师审核认定后,再准备实验(方案内容包括软件型号和测定方法)。

3.模拟实验实施时,对分子性能均需计算三次并取平均值。

4.实验完成后,由组长负责,组织全组人员完成一份实验报告。

教师方面:

1.指导教师 2～3 名,分别从事有机化学、理论与计算化学及物理化学实验教学工作。

2.根据学生自愿与适当指定原则,将学生分组,确定组长,并告之组长的职责。

3.仔细审查每一组的实验方案,主要原则是使用常用取代基团与软件,方案在现有模拟文献中比较简单、成熟,计算精度与计算时间适中。

4.在学生模拟实验过程中,指导教师需全程观察、巡视,并指导学生进行计算机模拟实验,不能离岗。

5.根据每个实验小组的方案、实验模拟操作、实验报告等,给出每组的成绩(100分制)。

四、任务清单

1.各小组以团队合作的形式,完成实验方案的设计。

2.实验完成后,由组长负责,组织全组人员完成一份实验报告。实验报告中应该包含文献综述部分,附上实验原始记录,学生、指导教师签名后装订成册。

3.实验报告中试着分析以下思考题:

(1)基于药物化学原理,法匹拉韦的药理和毒理性质受哪些药效基团的影响?

(2)计算取代法匹拉韦分子参数时为什么先要选用高斯软件适宜基组和泛函进行分子结构优化?其优化的目的是什么?

(3)根据预测的取代法匹拉韦分子的最强药理和最弱毒理数据,试着从常见吸(推)电子取代基团中选出可用于合成具有优异抗病毒作用的药物分子的基团。

4.各小组之间进行现场 PPT 汇报,重点分享实验收获。

五、拓展训练（选项）

　　以小组合作的形式，完成研究具有最强药理和最弱毒理性质的抗埃博拉病毒的法匹拉韦衍生物药物分子的创新创业项目计划书，包括医药公司创业项目背景、药品市场机会、制剂产品战略、非洲市场营销方案和国外投资风险等。

二维码 18
（项目实例 Word）

二维码 19
（项目实例视频）

第一篇　创新实验

项目十一　多卤代吡啶的选择性胺化反应研究

卤代吡啶类化合物是指含有氟、氯、溴、碘这几种卤素元素的化合物。此类化合物通常由相应的卤代烃进行缩合，再进一步形成环的方法合成。多卤代吡啶类化合物作为一类十分重要的化学物质，在先进材料的制备、天然药物及中间体的合成等领域具有重要的作用。

胺化反应有多种不同的类型，主要包括醇或酚的胺化、卤化物的胺化以及羰基化合物的氢化胺化等。尽管在胺化反应中，NH_3是一种常用的氮源，但一般实验过程中并不会采用其作为反应物，而 N,N-二甲基甲酰胺（DMF）作为胺化反应中一种多用途的前驱体已被广泛应用。目前，卤代 2-氨基吡啶化合物作为构建天然产物、精细化学品、生物活性分子的原料，已引起人们的极大关注。

在有机化学领域，区域选择性的研究已经成为化学工作者越来越热衷的方向，高区域选择性意味着化学反应过程能够更加便捷高效。近年来，关于多功能吡啶类化合物的合成方法和机理研究的文献越来越多，进一步开发环保、实用、高选择性的合成方法具有重要的意义和必要性。

本创新性实验要求以 2,5-二溴吡啶和 N,N-二甲基甲酰胺（DMF）为原料，使用水为溶剂，叔丁醇钠为碱，进行选择性胺化反应，研究反应温度和反应时间等因素对产物收率的影响，从而确定最佳的反应体系。基于以上得到的最优反应条件，对多卤代吡啶底物进行拓展，并通过多种表征手段对目标产物进行结构分析，阐明可能的反应机理。

一、项目任务

1. 通过选择性胺化反应制备 2-氨基吡啶化合物。考察不同碱基、不同溶剂、不同温度、不同反应时间等对反应的影响，对反应条件进行优化。

2. 得到最优化条件后，进行多卤代吡啶底物的拓展，研究反应对各种底物的适用性及各种取代基的影响。

3. 选取合适的仪器对 2-氨基吡啶化合物进行表征，研究多卤代吡啶化合物和DMF 之间的相互作用机理。

二、项目设计

1. 以 2,5-二溴吡啶和 N,N-二甲基甲酰胺（DMF）为原料，建议先用水作溶剂，叔丁醇钠为碱，进行选择性胺化反应制备 2-氨基吡啶化合物。

2.考察不同碱基、不同溶剂、不同温度(80～180 ℃)、不同反应时间(1～24 h)等对反应的影响,重点研究其产率,对反应条件进行优化。

3.得到最优化条件后,进行多卤代吡啶底物的拓展,如 2-溴-5-氯吡啶、2-氯-3-溴吡啶、2-溴-3,5-二氯吡啶等。

4.通过核磁共振氢谱和碳谱(必测)及熔点(固体化合物必测)等常规手段对 2-氨基吡啶化合物进行表征,研究多卤代吡啶化合物和 DMF 之间的相互作用机理。

三、项目要求

学生方面:

1.由 4～6 名学生组成一个实验小组,选 1 名学生为组长;项目设计中的 1、4 为必完成内容,2 可任选一种影响因素进行研究,3 可任选一种底物进行研究。

2.实验小组先查阅文献,设计出详细的实验方案,由组长报指导教师审核方案的可行性,指导教师审核认定后,再准备实验(方案内容包括 2-氨基吡啶化合物的合成方法、各种原料的质量、具体反应条件优化方案)。

3.实验实施时,2-氨基吡啶化合物的合成分成 3 组进行实验;制备目标产物由 2人完成;采用柱层析分离提纯粗产物由 2 人完成,核磁共振氢谱和碳谱表征由组长指定 2 人负责完成。

4.实验完成后,由组长负责,组织全组人员完成一份实验报告,并与文献结果进行对比。

教师方面:

1.指导教师 2～3 名,从事有机化学和仪器分析理论与实验教学研究。

2.根据学生自愿与适当指定原则,将学生分组,确定组长,并告之组长的职责。

3.仔细审查每一组的实验方案,主要原则是使用常用药品与仪器,方案在现有文献中比较简单、成熟,没有大的危险性。

4.在学生实验过程中,指导教师要全程观察、巡视,并指导学生实验,不能离岗。

5.根据每个实验小组的方案、实验操作、实验报告及产品性能等,给出每组的成绩(100 分制),组员成绩按 1,0.95,0.95,0.90,0.85,0.80 权重由组长打分,其中组长权重为 1(也可以由各组自行定比例打分)。

四、任务清单

1.各小组以团队合作的形式,完成实验方案的设计。

2.实验完成后,由组长负责,组织全组人员完成一份实验报告。实验报告中应该包含文献综述部分,附上实验原始记录,学生、指导教师签名后装订成册。

3.实验报告中试着分析以下思考题:

(1)柱层析的原理是什么?

（2）该化学反应式是什么？反应机理是什么？

（3）从核磁共振氢谱图及核磁共振碳谱图上可以得到哪些信息？

4.各小组之间进行现场 PPT 汇报,重点分享实验收获。

五、拓展训练(选项)

以小组合作的形式,完成 2-氨基吡啶类产品的创新创业项目计划书,包括项目背景、市场机会、产品战略、市场营销和投资风险等。

二维码 20

（项目实例 Word）

二维码 21

（项目实例视频）

项目十二　近红外荧光探针的构建及其应用

　　硫化氢(H_2S)这种具有特殊气味的气体,会对环境造成一定的污染。然而最近研究发现,H_2S还是继一氧化氮(NO)和一氧化碳(CO)之后的第三种内源性气体信号分子。内源性H_2S主要来自L-半胱氨酸的酶解作用。在生理浓度下,H_2S参与调节心肌收缩、血管张力和神经传导等一系列生理过程。然而,细胞内一旦不能维持正常的H_2S浓度,便会引起肺动脉高压、阿尔茨海默病、胃黏膜损伤和肝硬化等疾病。因此,对于H_2S浓度的灵敏检测尤为重要。

　　传统的H_2S测定方法主要依赖比色法、电化学分析法、金属硫化物沉淀法等,但这些方法存在选择性差、测定操作复杂、成本较高、不易普及应用等缺点。因此,开发一种新型的检测硫化氢的方法具有重要意义。与传统的检测方法相比,由于荧光检测法具有操作简单、灵敏度高、选择性好等优点引起了许多科学家的关注。近年来,基于荧光检测的方法用于检测H_2S的报道已有不少,但其中大多数还存在着合成复杂、发射波长短等缺陷,并且只能实现单一荧光信号的检测。

　　本创新性实验以罗丹明衍生物与醛基香豆素为原料,合成近红外荧光探针,用于H_2S的检测。尝试应用合适的分析手段对目标分子结构进行表征,将制备的荧光探针用于H_2S的检测。

一、项目任务

　　1. 设计合成一种含有特定小分子识别位点的近红外荧光探针。

　　2. 应用核磁共振、高分辨质谱、高效液相色谱等分析手段对目标分子结构进行表征。

　　3. 应用所构建探针研究其对硫化氢的荧光"关开"效应;重点研究探针对硫化氢的紫外光谱与荧光光谱滴定曲线的变化规律;测定探针随时间变化荧光光谱曲线和探针对各种干扰物的选择性。

二、项目设计

　　1. 以罗丹明衍生物和醛基香豆素为原料,哌啶为催化剂,通过 Knoevenagel 缩合反应得到目标分子。

　　2. 通过核磁共振氢谱和碳谱、高分辨质谱、高效液相色谱对目标分子进行结构表征。

　　3. 将目标分子配制成标准溶液,测定对硫化氢响应的紫外光谱曲线,探究干扰物

离子、不同响应时间和不同浓度下的变化规律。

三、项目要求

学生方面：

1. 由 4～6 名学生组成一个实验小组，选 1 名学生为组长；项目设计中的 1、2 为必完成内容，3 可任选一种溶剂进行研究。

2. 实验小组先查阅文献，设计出详细的实验方案，由组长报指导教师审核方案的可行性，指导教师审核认定后，再准备实验(方案包括仪器型号和测定方法)。

3. 实验实施时，对荧光探针的光谱性能均需平行测试三次。

4. 实验完成后，由组长负责，组织全组人员完成一份实验报告，并与文献结果进行对比。

教师方面：

1. 指导教师 2 名，从事分析化学、仪器分析理论与实验教学研究。

2. 根据学生自愿与适当指定原则，将学生分组，确定组长，并告之组长的职责。

3. 仔细审查每一组的实验方案，主要原则是使用常用药品与仪器，方案在现有文献中比较简单、成熟，没有大的危险性。

4. 在学生实验过程中，指导教师要全程观察、巡视，并指导学生实验，不能离岗。

5. 根据每个实验小组的方案、实验操作、实验报告及产品性能等，给出每组的成绩(100 分制)。

四、任务清单

1. 各小组以团队合作的形式，完成实验方案的设计。

2. 实验完成后，由组长负责，组织全组人员完成一份实验报告。实验报告中应该包含文献综述部分，附上实验原始记录，学生、指导教师签名后装订成册。

3. 实验报告中试着分析以下思考题：

(1) 荧光探针的定义是什么？选择荧光基团有什么依据？

(2) Knoevenagel 反应的条件是什么，反应结束需做哪些处理？

(3) 如何从分子溶液水平研究所制备荧光探针的光谱性能？

4. 各小组之间进行现场 PPT 汇报，重点分享实验收获。

五、拓展训练(选项)

以小组合作的形式，完成近红外荧光探针的创新创业项目计划书，包括项目背景、市场机会、产品战略、市场营销和投资风险等。

二维码 22 二维码 23

（项目实例 Word） （项目实例视频）

第一篇 创新实验

第二篇

竞赛实验

项目十三 氮掺杂 TiO_2@Fe_3O_4@C 核壳结构的构建及其光催化降解罗丹明 B 的研究

罗丹明 B(Rhodamine B)又称玫瑰红 B,是工业上使用广泛的有机碱性染料,也是典型的难降解有机污染物,分子式为 $C_{28}H_{31}ClN_2O_3$,相对分子质量为 479.0175。罗丹明 B 的结构如图 13-1 所示。

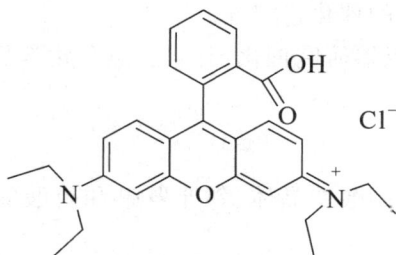

图 13-1 罗丹明 B 的结构式

罗丹明 B 是一种大分子难降解物质,化学稳定性高,其水溶液有较大的摩尔吸光系数,其废水色度高,因此带来了很多处理上的难题。处理罗丹明 B 的方法有物理法、生物化学法、物理化学法和化学法等。这些方法各有其优点,同时也各有其局限性,如工艺复杂、产生的污泥量大、处理费用高和易造成二次污染等。面临有机污染物,化学催化方法将有毒污染物降解为低毒或无毒物质符合环境友好理念。TiO_2 是一种光催化剂,具有热稳定性及化学稳定性高、耐酸碱性强、光学性能良好、无毒性、价格便宜和无二次污染等优点,在光催化降解有机污染物中应用广泛。

TiO_2 以板钛矿型、金红石型和锐钛矿型这三种晶型存在于自然界中。就 TiO_2 光催化活性而言,锐钛矿型与金红石型相比活性高,在纳米光催化材料中是最有前景的。相比金属而言,半导体有不连续的能带,并且在空的高能导带和填满电子的低能价带之间有一个宽度较大的禁带。在紫外光照射下,处于价带上的电子被激发到导带上,在价带上就形成带正电荷的空穴(h^+),导带上则形成了高活性电子(e^-),随之有高活性的电子-空穴对在半导体表面产生。电子与空穴分别与粒子表面被吸附的水分子和溶解氧发生作用,完成能量传递,最后有强氧化性和高活性的羟基自由基形成,它会氧化降解有机物而去除污染,同时产物不会造成二次污染。

掺杂是二氧化钛改性的最重要手段之一,其中 N 掺杂 TiO_2 的研究是最为广泛的。N 掺杂主要通过对 TiO_2 能带结构的影响来降低激发能,使其吸收发生红移,实现可见光响应。

本创新性实验要求以钛铁矿为原料制备催化剂,选用合适的制备和表征方法,研究确定影响催化剂催化活性的主要因素,对催化剂的稳定性和选择性进行考察,并阐明可能的作用机理。

一、项目任务

1. 从钛铁矿中分离铁(铁的提取物可以是铁盐、氧化物或单质)和二氧化钛。

2. 选择合适的方法制备 Fe_3O_4/TiO_2 复合物,分析复合物的物相与组成,并研究 Fe_3O_4/TiO_2 复合物组成和性能的调控方法。

3. 考察 Fe_3O_4/TiO_2 催化剂在光催化降解污水有机污染物中的应用,根据催化性能对 Fe_3O_4/TiO_2 催化剂的组成、用量及合成条件进行较系统的优化,探索催化剂分离/回收方法和循环应用中的催化稳定性。

4. 选取合适的条件和仪器研究催化剂的光、热和化学稳定性。

二、项目设计

1. 以活性炭为载体,以硝酸铁晶体、邻菲罗啉和硫酸氧钛为原料,选择合适的方法制备催化剂。

2. 选择适当的原料比例(如 1:1:1,1:1:2,1:2:1,2:1:1 等)、焙烧温度(200～350℃)、焙烧时间(2～5 h)制备一系列催化剂。

3. 性能测试

(1) 磁性能 用适当的方法定性证明粉末样品的磁性或用振动样品磁强计定量测试粉末样品的磁性能。

(2) 光催化性能 建议称取 50～200 mg 催化剂,超声分散到 50 mL 1×10^{-5} mol·L^{-1} 罗丹明 B(RhB,为有机污染物)溶液中,先在暗室内吸附平衡 30 min,再放在光源下照射(用可见和紫外两种光源分别研究催化剂的光催化性能,太阳光必选,氙灯或紫外灯任选一种)。分时取样,离心取清液,用紫外可见分光光度计测试 RhB 浓度的变化。研究催化剂光催化降解罗丹明 B 的动力学,用表观速率常数 k 评价催化剂的光催化活性。

4. 用以下方法表征催化剂:

(1) 用 X 射线粉末衍射仪(XRD)分析催化剂的相结构。

(2) 用滴定法测定催化剂(Fe_3O_4/TiO_2)中铁的含量,并计算催化剂的组成。

(3) 用红外光谱仪(FT-IR)分析催化剂的表面功能基团。

(4) 用扫描电镜(SEM)观察催化剂的形貌。

(5) 用 X 射线能谱仪(EDX)分析催化剂的元素组成。

(6) 用氮气吸附-脱附测试催化剂的比表面积。

建议:表征方法(1)～(3)必选,(4)～(6)根据需要选取。

三、项目要求

学生方面：

1. 由 4～6 名学生组成一个实验小组，选 1 名学生为组长；项目设计中的 1、3 为必完成内容，2 可任选一种影响因素进行研究。

2. 实验小组先查阅文献，设计出详细的实验方案，由组长报指导教师审核方案的可行性，指导教师审核认定后，再准备实验（方案内容包括仪器型号和测定方法）。

3. 实验实施时，对催化剂活性均须测试三次并取平均值。

4. 实验完成后，由组长负责，组织全组人员完成一份实验报告，并与文献结果进行对比。

教师方面：

1. 指导教师 2～3 名，从事分析化学、仪器分析及无机化学理论与实验教学研究。

2. 根据学生自愿与适当指定原则，将学生分组，确定组长，并告之组长的职责。

3. 仔细审查每一组的实验方法，主要原则是使用常用药品与仪器，方案在现有文献中比较简单、成熟，没有大的危险性。

4. 在学生实验过程中，指导教师要全程观察、巡视，并指导学生实验，不能离岗。

5. 根据每个实验小组的方案、实验操作、实验报告及产品性能等，给出每组的成绩（100 分制）。

四、任务清单

1. 文献综述：根据查阅的文献进行综述，学生、指导教师签名后，与参考文献原文首页（限 10 篇）一起装订成册。

2. 实验方案设计：查阅文献后设计实验方案，作为实验报告的一部分。

3. 实验记录：要求使用实验专用记录纸。记录内容包括实验日期、实验原理、实验内容、实验方法和仪器、实验现象、实验结果等，学生、指导教师签名后装订成册（所有实验的原始数据需清晰记录在案，以备后期查阅考证）。

4. 实验报告：完成实验报告，学生、指导教师签名后装订成册。

5. 实验报告中试着分析以下问题：

（1）催化剂的活性受哪些制备因素的影响？

（2）制备催化剂时为什么要采用共沉淀的方式？目的是什么？

（3）根据催化剂的作用机理，试着从制备的催化剂中选出催化性能较稳定的样品，给出优化方案。

五、拓展训练(选项)

以小组合作的形式,完成催化剂产品的创新创业项目计划书,包括项目背景、市场机会、产品战略、市场营销和投资风险等。

二维码 24
(项目实例 Word)

二维码 25
(项目实例视频)

项目十四　Salen 金属配合物的合成及催化氧化安息香的研究

氧化反应作为最基本的单元反应在化学工业中具有非常重要的地位。为降低氧化过程给环境带来的危害,使用各类绿色的氧化剂如氧气、过氧化氢、臭氧等替代传统使用的各类计量氧化剂,已成为氧化反应研究的热点。但这些清洁氧化剂的使用亦存在一些不足,如氧化性不强、氧化性能不确定、反应条件复杂等。因此,选择高效、高选择性催化剂是实现氧化反应绿色化的关键。Salen 催化剂因其具有制备方法相对简单、结构易修饰、选择性好等优点,在催化醇和烯烃的绿色氧化反应中得到了广泛的应用。

本创新性实验要求以水杨醛及乙二胺为原料制得席夫碱配体,再与金属离子配合制得 Salen 配合物。对制得的 Salen 配合物进行结构、性能分析,考察它们在催化安息香绿色氧化合成苯偶酰反应中的性能。

一、项目任务

1.水杨醛及乙二胺为原料制得席夫碱配体双水杨醛缩乙二胺。
2.选择合适的金属盐,双水杨醛缩乙二胺与金属离子配合制得 Salen 配合物。
3.对制得的 Salen 配合物进行结构、性能分析。
4.以空气为氧源,考察 Salen 配合物在催化安息香绿色氧化合成苯偶酰反应中的性能。

二、项目设计

1.以水杨醛、乙二胺为起始原料,选择合适的方法合成双水杨醛缩乙二胺。
2.选择合适的金属盐,与双水杨醛缩乙二胺配合制得三种不同金属的 Salen 配合物。
3.以空气为氧源,考察 Co(Salen)在催化安息香绿色氧化合成苯偶酰反应中的性能,对反应条件进行较系统的优化(包括催化剂用量、添加剂、溶剂、温度、时间等条件)。
4.在得到的优化条件下,考察其他不同金属配合的双水杨醛缩乙二胺合金属配合物对安息香氧化反应的催化性能。
5.探索 Salen 催化剂的回收方法,并对回收的催化剂进行氧化性能测试。

三、项目要求

学生方面：

1.由4～6名学生组成一个实验小组，选1名学生为组长；项目设计中的1、2、4、5为必完成内容，3可任选一种影响因素进行研究。

2.实验小组先查阅文献，设计出详细的实验方案，由组长报指导教师审核方案的可行性，指导教师审核认定后，再准备实验(方案内容包括仪器型号和测定方法)。

3.实验实施时，对Salen催化剂性能均须测试三次并取平均值。

4.实验完成后，由组长负责，组织全组人员完成一份实验报告，并与文献结果进行对比。

教师方面：

1.指导教师3名，从事有机化学及催化化学理论与实验教学研究。

2.根据学生自愿与适当指定原则，将学生分组，确定组长，并告之组长的职责。

3.仔细审查每一组的实验方法，主要原则是使用常用药品与仪器，方案在现有文献中比较简单、成熟，没有大的危险性。

4.在学生实验过程中，指导教师要全程观察、巡视，并指导学生实验，不能离岗。

5.根据每个实验小组的方案、实验操作、实验报告及产品性能等，给出每组的成绩(100分制)。

四、任务清单

1.文献综述：根据查阅的文献进行综述，学生、指导教师签名后，与参考文献原文首页(限10篇)一起装订成册。

2.实验方案设计：查阅文献后设计实验方案，作为实验报告的一部分。

3.实验记录：要求使用实验专用记录纸。记录包括实验日期、实验原理、实验内容、实验方法和仪器、实验现象、实验结果等，学生、指导教师签名后装订成册(实验的所有原始数据需清晰记录在案，以备后期查阅考证)。

4.实验报告：完成实验报告，学生、指导教师签名后装订成册。

5.实验报告中试着思考以下问题：

(1) Salen催化剂的制备受哪些因素的影响？

(2) Salen催化剂的催化氧化效果受哪些因素的影响？

(3) 根据催化氧化性能选出最佳的金属配体，得出最佳的反应条件，并分析原因。

五、拓展训练(选项)

以小组合作的形式,完成 Salen 催化剂的创新创业项目计划书,包括项目背景、市场机会、产品战略、市场营销和投资风险等。

二维码 26

(项目实例 Word)

二维码 27

(项目实例 FPT)

第二篇 竞赛实验

项目十五　钴催化贝克曼重排反应的绿色合成及机理研究

贝克曼(Beckmann)重排反应是一类通过酸催化制备酰胺类化合物的重要方法，传统方法通常使用浓硫酸、多聚磷酸等强酸，反应生成大量废弃物，环境污染严重，不符合绿色化学理念。与之相比，液相贝克曼重排反应条件温和、操作简单、对设备要求较低，具有较大的发展潜力。近年来，由于过渡金属催化剂具有催化活性高、热力学稳定性好、分子结构可调性强等特点，成功应用于贝克曼重排反应，受到学者的广泛关注，涌现出一批过渡金属催化体系(Hg、Rh、Ir、Ru、Pd)，成功催化相应的酮肟生成酰胺，产物收率及选择性均较高。然而，贵金属价格昂贵、催化剂合成复杂，并不适用于实际生产。

相比较而言，廉价金属逐渐引起化学家们的重视。近些年，Chen、Gupta、Yin、Cook 等人分别利用 $ZnCl_2/p\text{-toluenesulfonic}$、$Co/Zn$ 双金属配合物、$ZnCl_2/NH_2SO_3H$、$FeCl_3/AgSbF_6$ 等催化剂实现了酮肟贝克曼重排反应，取得了重要进展。该类反应操作简单，不需要添加反应溶剂，反应的原子经济性较高。但廉价过渡金属体系均需加入酸性添加剂才能高效地实现转化，不利于环保、可持续发展的理念。因此，通过新型的、无酸性添加剂的廉价金属催化体系实现绿色的贝克曼重排反应具有非常重要的研究价值。

本创新性实验拟选择合适的金属钴催化剂，高效实现二苯甲酮肟衍生物的贝克曼重排反应，通过优化条件得到最佳的反应体系，并进行初步的反应机理研究。基于上述钴催化体系，拟实现钴催化的二苯甲酮肟衍生物与盐酸羟胺的一步法贝克曼重排反应。

一、项目任务

1.选择二苯甲酮为底物，制备肟。考察各种催化剂、不同溶剂、不同温度等对贝克曼重排反应的影响。

2.得到最优化条件后，选取不同底物，研究反应条件对各种底物的适用性及各种取代基对反应的影响。

3.通过核磁共振氢谱和碳谱(必测)及熔点(固体化合物必测)等常规手段对产物进行表征。

二、项目设计

1.以廉价易得的氟硼酸钴水合物为原料，在温和、空气环境且不添加催化剂配体的条件下制备 Co 催化剂。

2. 主要通过金属催化剂、反应时间、催化剂用量、溶剂、温度等因素,研究 Co 催化剂对二苯甲酮肟衍生物贝克曼重排反应的影响,并确定最佳制备条件。

3. 以最佳制备条件进行底物拓展,并研究 Co 催化剂催化酮肟贝克曼重排的机理。

三、项目要求

学生方面:

1. 由 4～6 名学生组成一个实验小组,选 1 名学生为组长,组内进行合理分工。

2. 实验小组先查阅文献,设计出详细的实验方案,由组长报指导教师审核方案的可行性,指导教师审核认定后,再准备实验(方案内容包括仪器型号和测定方法)。

3. 实验实施时,组内分工,进行金属催化剂、反应时间、催化剂用量、溶剂、温度等制备条件的优化。

4. 实验完成后,由组长负责,组织全组人员完成一份实验报告,并与文献结果进行对比。

教师方面:

1. 指导教师 3 名,从事有机化学、分析化学、仪器分析理论与实验教学研究。

2. 根据学生自愿与适当指定原则,将学生分组,确定组长,并告之组长的职责。

3. 仔细审查每一组的实验方法,主要原则是使用常用药品与仪器,方案在现有文献中比较简单、成熟,没有大的危险性。

4. 在学生实验过程中,指导教师要全程观察、巡视,并指导学生实验,不能离岗。

5. 根据每个实验小组的方案、实验操作、实验报告及产品性能等,给出每组的成绩(100 分制)。

四、任务清单

1. 文献综述:根据查阅的文献进行综述,学生、指导教师签名后,与参考文献原文首页(限 10 篇)一起装订成册。

2. 实验方案设计:查阅文献后设计实验方案,作为实验报告的一部分。

3. 实验记录:要求使用实验专用记录纸。记录包括实验日期、实验原理、实验内容、实验方法和仪器、实验现象、实验结果等,学生、指导教师签名后装订成册(实验的所有原始数据需清晰记录在案,以备后期查阅考证)。

4. 实验报告:完成实验报告,学生、指导教师签名后装订成册。

5. 实验报告中试着分析以下问题:

(1) Co 催化二苯甲酮肟衍生物贝克曼反应的产率受哪些制备因素的影响?

(2) 通过最佳制备条件拓展底物时,其产率与吸电子基和给电子基之间有何关联?

五、拓展训练(选项)

以小组合作的形式,完成 Co 催化二苯甲酮肟衍生物制备酰胺类产品的创新创业项目计划书,包括项目背景、市场机会、产品战略、市场营销和投资风险等。

二维码 28
(项目实例 Word)

二维码 29
(项目实例视频)

二维码 30
(项目实例视频)

项目十六　稀土 Ce 掺杂 ZnO 微纳米材料的制备及其应用研究

　　有机染料是一种重要的精细化工产品,与人类的衣食住行密切相关,但其生产过程中产生的废水已成为当前主要的水体污染源之一。因此,开发高效、经济、简单、快速的有机染料污染的处理方法,一直深受各界关注。

　　光催化反应是利用光能进行物质转化的方式,是化合物在光和光催化剂协同作用下进行的化学反应,是当前有望解决日益严重的废水污染问题的新型方法之一。ZnO 是一种常见的光催化剂,作为典型的 ⅡB—ⅥB 族直接带隙 n 型半导体材料,其室温禁带宽度为 3.37 eV,在波长小于 387 nm 的紫外光照射下,可激发产生光生电子-空穴对,生成羟基自由基($\cdot$OH)和超氧自由基(O_2^-)等具有强氧化能力的活性自由基,应用于光催化反应。但是,ZnO 受禁带宽度限制只能吸收太阳光中占极少数的紫外光,致使其对太阳能的利用率较低;同时,ZnO 在光照下产生的光生电子-空穴对易发生复合,从而限制其光催化活性。因此,提高 ZnO 对光的吸收范围,降低光生电子-空穴对的复合率,是提升 ZnO 光催化性能的关键所在。稀土元素掺杂是改善 ZnO 光催化性能的有效方法之一,稀土元素具有特殊的 4f 电子层结构,掺杂后会产生较多的电子能级来捕获光生电子和空穴,从而抑制光生电子-空穴对的复合,提高材料的光催化活性;此外,稀土元素本身可吸收紫外和可见光区的电磁辐射,也有利于提高 ZnO 对光能的利用率。

　　本创新性实验要求选择稀土元素 Ce 对不同形貌的 ZnO 进行掺杂,探讨其对水体中不同类型有机染料的光催化降解性能。

一、项目任务

　　1. 选取合适的方法制备两种 ZnO 微纳米材料。

　　2. 考察并比较两种 ZnO 微纳米材料对三种典型的有机染料罗丹明 B、亚甲基蓝和甲基橙的光催化降解性能。

　　3. 选取合适的方法,进行稀土元素 Ce 对不同形貌的 ZnO 的掺杂,研究对有机染料的光催化降解性能的影响,探讨影响光催化降解性能的可能因素。

　　4. 对催化剂进行表征,确认其结构。

二、项目设计

　　1. 合成由二甲基咪唑和锌离子构筑的 ZIF-8 金属有机框架微纳米材料,通过高温热解方法制备 ZnO 微纳米材料,标记为 ZnO-A。

2.通过其他合成策略,制备一种与第 1 次中 ZnO-A 有不同形貌的 ZnO 微纳米材料(如纳米棒等),标记为 ZnO-B。

3.考察并比较两种 ZnO 微纳米材料对三种典型的有机染料罗丹明 B、亚甲基蓝和甲基橙(任选其中一种有机染料即可)的光催化降解性能。

4.根据第 3 项的研究结果,选择催化降解性能较好的一种 ZnO 微纳米材料,进行稀土 Ce 掺杂,进一步考察稀土 Ce 掺杂的 ZnO 微纳米材料作为催化剂对该染料的光催化降解性能的影响,探讨影响光催化降解性能的可能因素,探索催化剂分离/回收方法和循环应用中的催化稳定性,并与 ZnO 微纳米材料的催化性能进行综合对比。

5.选择降解效果较好的材料进行分析表征:

(1) 用 X 射线粉末衍射仪(XRD)分析制备的 ZnO 材料以及稀土 Ce 掺杂的 ZnO 材料的晶型。

(2) 用扫描电镜(SEM)观察催化剂的表面形貌。

(3) 利用相应的光谱技术分析溶液中染料降解的效果,如紫外可见吸收光谱等。

(4) 选择合适的测试仪器分析 Ce 掺杂的 ZnO 材料中 Ce 和 Zn 元素的组成,如元素分析、X 射线光电子能谱(XPS)等。

(5) 用氮气吸附-脱附测试催化剂的比表面积。

建议:表征方法(1)、(2)、(3)、(4)必选,(5)根据需要选做。

三、项目要求

学生方面:

1.由 4~6 名学生组成一个实验小组,选 1 名学生为组长;项目设计中的 1、2、3、4 为必完成内容,5 中除(5)外为必完成内容。

2.实验小组先查阅文献,设计出详细的实验方案,由组长报指导教师审核方案的可行性,指导教师审核认定后,再准备实验(方案内容包括仪器型号和测定方法)。

3.实验实施时,分组分工,进行催化剂制备、染料降解效果及影响因素、催化剂分离/回收方法等实验。

4.实验完成后,由组长负责,组织全组人员完成一份实验报告,并与文献结果进行对比。

教师方面:

1.指导教师 2~3 名,从事分析化学、仪器分析及物理化学理论与实验教学研究。

2.根据学生自愿与适当指定原则,将学生分组,确定组长,并告之组长的职责。

3.仔细审查每一组的研究方法,主要原则是使用常用药品与仪器,方案在现有文献中比较简单、成熟,没有大的危险性。

4.在学生实验过程中,指导教师要全程观察、巡视,并指导学生实验,不能离岗。

5.根据每个实验小组的方案、实验操作、实验报告及产品性能等,给出每组的成绩(100 分制)。

四、任务清单

1. 文献综述:根据查阅的文献进行综述,学生、指导教师签名后,与参考文献原文首页(限 10 篇)一起装订成册。

2. 实验方案设计:查阅文献后设计实验方案,作为实验报告的一部分。

3. 实验记录:要求使用实验专用记录纸。记录包括实验日期、实验原理、实验内容、实验方法和仪器、实验现象、实验结果等,学生、指导教师签名后装订成册(所有实验的原始数据需清晰记录在案,以备后期查阅考证)。

4. 实验报告:完成实验报告,学生、指导教师签名后装订成册。

五、拓展训练(选项)

以小组合作的形式,完成 Ce 掺杂 ZnO 催化剂产品的创新创业项目计划书,包括项目背景、市场机会、产品战略、市场营销和投资风险等。

二维码 31

(项目实例 Word)

项目十七　近紫外白光 LED 用稀土配合物发光材料的制备与应用

因白光发光二极管(light emitting diode,LED)具有高效、节能、寿命长、无污染、可靠性高等优点,被誉为第四代绿色照明光源。光转换型白光 LED 具有可通过选择不同种类的荧光粉与调节荧光涂层的厚度来调控输出光的色度、色温等优点,是目前应用非常广泛的一类白光 LED。

光转换型白光 LED 主要有两种形式:①蓝光 LED 芯片激发黄光荧光粉;②紫外光芯片激发红、绿、蓝三基色混合荧光粉。蓝光 LED 芯片激发黄光荧光粉是目前商业化最为成熟的白光 LED,其成本低、效率高,但因缺乏红光成分,白光显色指数偏低,色温较高,且因芯片与荧光粉在使用过程中因各自发光效率发生不同程度改变而易导致色温漂移,发光性能不稳定;而近紫外白光 LED 则由紫外光芯片激发红、绿、蓝三基色混合荧光粉发光获得白光,发光不受芯片输出光影响,故白光显色指数高,色温漂移较小,色彩稳定。

用于近紫外白光 LED 的白光荧光粉的激发光谱必须与芯片发射光谱相匹配。近紫外芯片主要有 395~405 nm 和 355~365 nm 两个波段,故荧光粉的激发光谱必须处于该波段范围。稀土荧光材料可被上述波段的紫外光激发,并可通过选用不同种类的稀土离子,获得在可见光区发射多种不同颜色荧光的材料,且其发光性能稳定,色纯度较高。我国稀土储备位居全球首位,因此,新型稀土功能材料的设计开发及应用研究对推进我国稀土资源的有效利用意义重大。稀土铕离子(Eu^{3+})在紫外光激发下可发射出较强红色特征荧光,是制备近紫外白光 LED 用红光荧光粉的首选。

有机稀土配合物发光材料在白光 LED 器件中应用前景广阔,其与 LED 封装树脂间具有很好的相容性,且配合物的发光性能易于通过分子结构设计进行有效调控。用于制备稀土配合物的有机配体需具有较强的紫外吸收能力,同时与稀土离子之间具有较好的能量传递。β-二酮类化合物和芳香羧酸类化合物均为广泛应用的稀土有机配体。为满足稀土离子的配位要求或起到能量传递的效果,常常在配合物体系中引入协同配体(如三苯基氧膦、邻菲罗啉等),以提高配合物荧光强度。

本创新性实验要求以三价稀土离子 Eu^{3+} 为中心配位离子,选用合适的有机配体,制备铕配合物,研究配合物的发光性能,分析配合物的发光机理,并初步探讨其在近紫外白光 LED 器件中的应用。

一、项目任务

1. 三价稀土离子 Eu^{3+} 为中心配位离子,选用合适的有机配体,制备铕配合物。

2.研究配合物的发光性能,分析配合物的发光机理。

3.初步探讨其在近紫外白光 LED 器件中的应用。

二、项目设计

1.以三价稀土铕离子(Eu^{3+})为中心配位离子,β-二酮类化合物(如 2-噻吩甲酰三氟丙酮)为第一配体,三苯基氧膦为第二配体,采用合适的合成方法制备铕配合物。

2.选用其他 β-二酮类化合物或芳香羧酸类化合物(如二苯甲酰甲烷、乙酰丙酮或苯甲酸及其衍生物等)作为第一配体,制备另外至少两种铕配合物,并与第 1 项中获得的铕配合物进行对比,分析不同配体对配合物发光性能的影响,并进一步从能量匹配角度探讨配合物的发光机理。

3.选用制备的发光性能较好的铕配合物制作红光 LED 器件。

4.将制备的发光性能较好的铕配合物与绿光荧光粉和蓝光荧光粉(绿光荧光粉和蓝光荧光粉可自制,也可购买商品化的近紫外 LED 用荧光粉)按照不同比例进行混合,调配出白光荧光粉,并采用调配好的白光荧光粉制作白光 LED 器件。

三、项目要求

学生方面:

1.由 4~6 名学生组成一个实验小组,选 1 名学生为组长;项目设计中的 1、2、3、4 为必完成内容。

2.实验小组先查阅文献,设计出详细的实验方案,由组长报指导教师审核方案的可行性,指导教师审核认定后,再准备实验(方案内容包括仪器型号和测定方法)。

3.实施实验时,对发光性能均须测试三次并取平均值。

4.实验完成后,由组长负责,组织全组人员完成一份实验报告,并与文献结果进行对比。

教师方面:

1.指导教师 2~3 名,从事无机化学、分析化学及物理化学理论与实验教学研究。

2.根据学生自愿与适当指定原则,将学生分组,确定组长,并告之组长的职责。

3.仔细审查每一组的实验方法,主要原则是使用常用药品与仪器,方案在现有文献中比较简单、成熟,没有大的危险性。

4.在学生实验过程中,指导教师要全程观察、巡视,并指导学生实验,不能离岗。

5.根据每个实验小组的方案、实验操作、实验报告及产品性能等,给出每组的成绩(100 分制)。

四、任务清单

1.文献综述:根据查阅的文献进行综述,学生、指导教师签名后,与参考文献原文

首页(限 10 篇)一起装订成册。

2.实验方案设计:查阅文献后设计实验方案,作为实验报告的一部分。

3.实验记录:要求使用实验专用记录纸。记录包括实验日期、实验原理、实验内容、实验方法和仪器、实验现象、实验结果等,学生、指导教师签名后装订成册(实验的所有原始数据需清晰记录在案,以备后期查阅考证)。

4.实验报告:完成实验报告,学生、指导教师签名后装订成册。

五、拓展训练(选项)

以小组合作的形式,完成稀土配合物发光材料的创新创业项目计划书,包括项目背景、市场机会、产品战略、市场营销和投资风险等。

二维码 32
(项目实例 Word)

二维码 33
(项目实例视频)

二维码 34
(项目实例视频)

项目十八 介孔负载复合金属氧化物催化剂的制备及选择性氧化研究

　　人类利用催化过程来获得所需要的目标产物已有上千年的历史。在现代化学工业利用各种反应来快速高效制造人类所需的各类产品中，催化剂扮演了极为重要的角色。由于非均相催化剂在操作上的便利性，被认为是相对于均相催化剂更为优先的选项。理论上讲，将非均相催化剂制备成超细纳米颗粒可以极大地增加活性位点的数目，并将其直接均匀分散在反应体系中会非常有利于传质，但在实际操作中却有很大的困难，这是因为将纳米颗粒在特定反应体系中均匀分散是一大难题，分散不好会形成团聚体，团聚体内部可能因传质困难而失去催化活性，而且在反应结束后，超细的纳米颗粒较难从反应体系内快速分离出来。

　　为解决上述问题，在实际应用中，有两类非均相催化剂获得了人们越来越多的关注：第一类是利用大颗粒多孔载体负载纳米催化剂颗粒；第二类是将催化剂活性物质本身制成孔壁厚度在纳米尺度，且具备自支撑能力的大颗粒纳米多孔材料。这两类非均相催化剂都可以实现催化剂活性物质活性位点的高暴露量和保持材料颗粒的宏观大尺寸形貌，因而具有高催化活性和操作便利性等优点。

　　在这两类非均相催化剂的制备研究中，有序介孔材料扮演了重要的角色。在第一类负载型催化剂中，介孔材料可以作为优良的载体材料（图 18-1 右）；在第二类自支撑催化剂中，有序介孔材料既可以作为催化剂，也可以作为模板来制备具有反相结构的介孔催化剂材料（图 18-1 左）。与其他类型的催化剂材料相比，有序介孔材料具有如下优点：比表面积高，有利于提高活性位数目；孔径较大，可以用于较大分子的反应；孔径及孔的形状可调，可以优化孔道的限制性空间带来的各种特殊效应；孔表面易于修饰，可以针对反应体系调控孔内的微环境；形貌多样可控，可以根据催化反应工程的需求制备大颗粒、纤维、薄膜等结构形态。

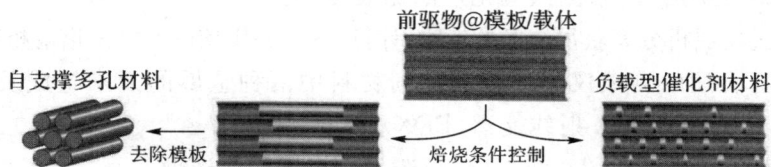

图 18-1　金属前驱物在有序介孔材料孔道内控制分解生成的两类催化剂材料

　　复合金属氧化物是由两种或两种以上的金属氧化物复合而成的多元复杂氧化物。复合金属氧化物种类繁多，按照不同晶型结构一般可分为尖晶石相（AB_2O_4）、白钨矿相（ABO_4）、钙钛矿相（ABO_3）等。由于复合金属氧化物分子中不同金属元素原

子水平上的可变排列会有效改变过渡金属的电子能带结构,具有更好的物理化学性质,在催化领域,特别是催化氧化还原方面优势明显。

本创新性实验要求制备一种介孔负载复合金属氧化物催化剂,优化实验条件,实现取代苄醇的选择性氧化反应,并分析苯环上取代基效应对催化性能的影响。

一、项目任务

1.有序介孔 SBA-15 或 KIT-6 模板的制备。

2.以硝酸铜、硝酸钴、硝酸锰、硝酸铁、硝酸镍、硝酸锌或硝酸铬中的两种盐(或者水合物)为前驱物,通过探究双组分过渡金属硝酸盐混合物在其纳米孔道内的分解规律,制备有序介孔负载复合金属氧化物催化剂。

3.使用自制复合金属氧化物催化剂,优化催化条件实现取代苄醇的选择性氧化反应,计算反应的收率,并对产品的结构进行确认。在实验的基础上进一步分析该氧化反应苯环上的取代基效应(不同取代基对反应的影响)。

二、项目设计

1.通过水热法合成具有有序介孔孔道结构的二氧化硅 SBA-15 或 KIT-6,推荐通过 X 射线粉末衍射仪(XRD)、扫描电镜(SEM)、透射电镜(TEM)、氮气吸附-脱附等方法进行表征,证实其介孔结构的高度有序性。

2.以 SBA-15 或 KIT-6 为模板,利用纳米浇铸法,探究双组分过渡金属硝酸盐混合物在其纳米孔道内的晶体生长规律,制备得到负载型复合金属氧化物材料。

3.利用自制的复合金属氧化物催化剂,寻找实验条件,制定实验步骤,实现取代苄醇的选择性氧化生成醛,并从理论上分析苯环上取代基效应对催化反应性能的影响。

4.选择催化氧化效果较好的材料进行分析表征:

(1) 用 X 射线粉末衍射仪(XRD)分析负载型氧化物催化剂的晶型。

(2) 用扫描电镜(SEM)、透射电镜(TEM)和高分辨透射电镜(HRTEM)观察催化剂的形貌。

(3) 用氮气吸附-脱附测试催化剂的比表面积。

(4) 通过柱层析分离获得纯净的产物,计算产率,并用核磁共振图谱解析产物组成。

(5) 选择合适的测试仪器分析催化剂材料中两种金属的元素组成及价态,如 X 射线光电子能谱(XPS)、X 射线能谱(EDX)等。

建议:表征方法(1)、(2)、(3)、(4)必选,(5)根据需要选做。

三、项目要求

学生方面:

1.由 4~6 名学生组成一个实验小组,选 1 名学生为组长;项目设计中的 1、2、3

为必完成内容,4 中除(5)外为必完成内容。

2.各实验小组先查阅文献,设计出详细的实验方案,由组长报指导教师审核方案的可行性,指导教师审核认定后,再准备实验(方案内容包括仪器型号和测定方法)。

3.合理分工,开展实验,做好原始数据记录,催化性能均须测试三次并取平均值。

4.实验完成后,由组长负责,组织全组人员完成一份实验报告,并与文献结果进行对比。

教师方面:

1.指导教师 2～3 名,从事无机化学、有机化学、物理化学等理论与实验教学研究。

2.根据学生自愿与适当指定原则,将学生分组,确定组长,并告之组长的职责。

3.仔细审查每一组的研究方法,主要原则是使用常用药品与仪器,方案在现有文献中比较简单、成熟,没有大的危险性。

4.在学生实验过程中,指导教师要全程观察、巡视,并指导学生实验,不能离岗。

5.根据每个实验小组的方案、实验操作、实验报告及产品性能等,给出每组的成绩(100 分制)。

四、任务清单

1.文献综述:根据查阅的文献进行综述,学生、指导教师签名后,与参考文献原文首页(限 10 篇)一起装订成册。

2.实验方案设计:查阅文献后设计实验方案,作为实验报告的一部分。

3.实验记录:要求使用实验专用记录纸。记录内容包括实验日期、实验原理、实验内容、实验方法和仪器、实验现象、实验结果等,学生、指导教师签名后装订成册(实验的所有原始数据需清晰记录在案,以备后期查阅考证)。

4.实验报告:完成实验报告,学生、指导教师签名后装订成册。

五、拓展训练(选项)

以小组合作的形式,完成介孔负载复合金属氧化物催化剂的创新创业项目计划书,包括项目背景、市场机会、产品战略、市场营销和投资风险等。

二维码 35
(项目实例 Word)

浙江大学出版社
ZHEJIANG UNIVERSITY PRESS

互联网+教育+出版

立方书

教育信息化趋势下，课堂教学的创新催生教材的创新，互联网+教育的融合创新，教材呈现全新的表现形式——教材即课堂。

 轻松备课
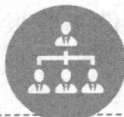 分享资源
 发送通知
 作业评测
 互动讨论

"一本书"带走"一个课堂"　教学改革从"扫一扫"开始

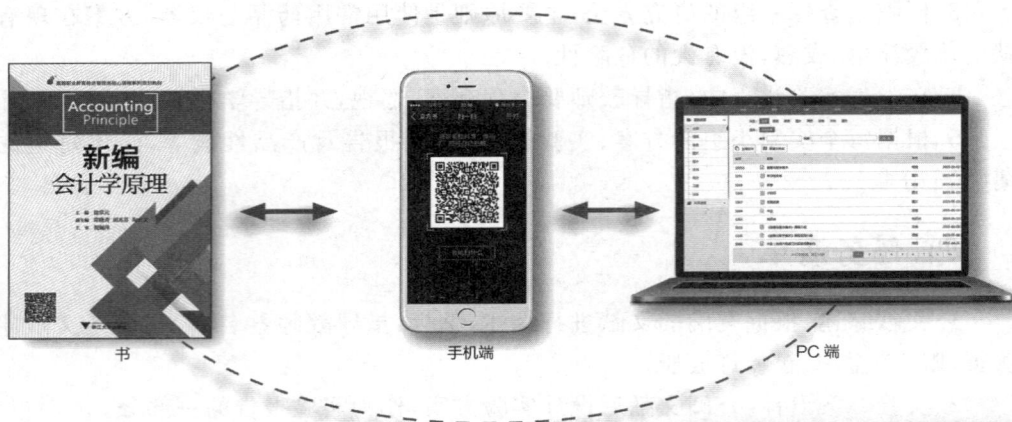

书　　　　　　　　手机端　　　　　　　　PC端

打造中国大学课堂新模式

【创新的教学体验】

开课教师可免费申请"立方书"开课，利用本书配套的资源及自己上传的资源进行教学。

【方便的班级管理】

教师可以轻松创建、管理自己的课堂，后台控制简便，可视化操作，一体化管理。

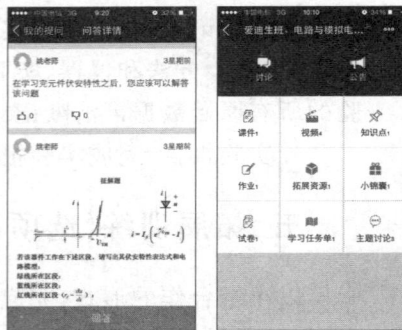

【完善的教学功能】

课程模块、资源内容随心排列，备课、开课，管理学生、发送通知、分享资源、布置和批改作业、组织讨论答疑、开展教学互动。

扫一扫　下载APP

教师开课流程

➡ 在APP内扫描封面二维码，申请资源

➡ 开通教师权限，登录网站

➡ 创建课堂，生成课堂二维码

➡ 学生扫码加入课堂，轻松上课

网站地址：www.lifangshu.com

技术支持：lifangshu2015@126.com；电话：0571-88273329